U0045460

築冠以德

冠德所信奉的價值：誠信、品質、服務、創新。

陸軍官校畢業照。

就讀陸軍官校時期。

剛到台灣時。

陸軍官校學生時期，與恩人解書田先生合影。

一九五四年，就讀陸軍官校期間，練習騎術。

陸軍官校畢業典禮分列式。

陸軍官校畢業典禮上，蔣中正先生致詞。

考取國防軍費赴美國進修，在美國受洗。

在斗六訓練基地擔任砲兵連長。

擔任公務人員時期。

擔任公務人員時期，連震東先生頒發優秀公務人員獎。

夫人持家有方，是旺夫益子的賢內助。

和夫人在海灘合影。

與嬰兒期的大女兒合影。

和四哥、四嫂（前排左二、左一）及姪女（後排左一、左二）合影。

面對種種難關，家人是最大的支撐力量。

彩虹姐與孫子、孫媳婦。

回山東老家掃墓祭祖。

電子貿易公司時期，與美國客戶 Dow Duverken 合影。

任職嘉新水泥岡山廠期間，花了許多心血整頓改造。

任職嘉新水泥岡山廠廠長三年。

與張敏鈺董事長（中）、張東平副董事長（左）合影。

左二為曾經一起搭纜車在索道上運行的英國工程師。

擔任岡山廠廠長，為了瞭解實際生產的狀況，經常到第一線巡察。

離開岡山廠時，同仁依依不捨相送，致上祝福。

經過四處奔走努力，IBM 大樓終於正式破土開工。
右為台灣療養院戴寧基院長。

IBM 大樓施工中。

IBM 致贈感謝牌。

Mr. Timothy Y. S. Ma
President of Shen Hsin Enterprise Corporation
In Appreciation of Your Leadership to the Success of IBM Building

Mr. Barry B. Lennon
Chairman of the Board and General Manager of IBM Taiwan Corporation
December 18, 1986

一九九三年，冠德建設成功上市；同一年，搬進和平東路的企業總部。

根基營造榮獲金石獎，李總統接見。

冠德建設與根基營造獲得 ISO 9002 國際品保認證。

創立台大 EMBA 商學會，對於台大商學會用心頗多。

一九九九年至二〇〇〇年期間，就讀台大 EMBA，兩年間沒有缺過任何一堂課。

於捐贈台大管理學院「冠德講堂」啟用儀式致詞。

受陳重光先生委託興建重光樓。

與汪道涵先生對談。

開工上梁典禮。我們的原則是：品質絕對不打折扣，絕對不用次級材料。

冠德建設與根基營造在八八風災第二天即出動團隊，協助重建。

經常巡視工地，堅持「品質」及「以客為尊」的理念。

環球購物中心中和店於二〇〇五年十二月開幕。

「冠德青水寓」建案基地裡有一棵八十年的朴樹，與建築相得益彰。

「冠德中研」社區圖書館。在社區內設置圖書館，是最受歡迎的公設項目。

「冠德鼎峰」社區圖書館。圖書館會定期補充最新圖書與期刊。

「冠德鼎華」社區圖書館一景。

「冠德青水寓」社區圖書館。僅六戶的住宅同樣設置圖書館，簡約低調，兩側是連牆的書櫃。

冠德領袖社區洪主委之女洪瑀。冠德社區圖書館的資源，
培育了新一代的台灣之光。

與龍寶建設董事長張麗莉女士合影。

冠德玉山教育基金會舉辦大型論壇以及各種閱讀講座，邀請來賓分享閱讀經驗。

榮獲二〇一一年世界華人企業領袖高峰會傑出領袖獎。
攝影 / 張智傑

冠德玉山教育基金會與中天電視合作製播
「名人牀頭書」節目。

相信閱讀的價值，未來將持續推動「把知識列為建築標準配備」的理念。　　攝影／陳宗怡

社會人文BGB406B

築冠以德

馬玉山的奮鬥故事

馬玉山——著
李翠卿——採訪整理

目錄

目錄

推薦序

「誠信」是「冠德」每一幢大樓的基石

高希均

（一）人生三部曲：童年、軍旅、商界

《天下文化》又出版了一本對的好書，說服了冠德建設董事長馬玉山，寫下他一生的經歷。萬一有讀者問：傳主是誰？看了這本書，你就會發現：自己真有些孤陋寡聞，民間有這樣傑出的典範，怎麼沒有留心？

這是一本精采的傳記，讀完這本書，人人可以得益。最大的收穫應該是：「誠信」真的是人生最好的座右銘。傳主一生以「誠信」貫穿他的為人、處世、立家、

交友、以及拓展事業。他克服了艱苦的童年，經歷過嚴格的軍旅生涯，接受了轉業與創業的奮鬥。他早已從營建業的「模範生」，變成「標竿企業」，進而成為備受尊敬的企業領袖。

一九三六年出生於山東平度，就立刻被抗日戰爭家破人散的戰亂吞噬。我在同一年出生，生在南京，次年發生了慘絕人寰的「南京大屠殺」。我們對日本軍閥有著同樣的悲憤，但理性告訴我們：不能讓這段歷史變成腦海中永遠仇恨的種子。

書中第一章「烽火童年」的故事及受苦的細節，引起了我痛苦的追憶，我的兩個弟弟都不到五歲就在逃難中夭折。書中感人之處，可以媲美齊邦媛教授、星雲大師、莫言先生等對戰爭殘酷的敘述。

馬玉山十四歲隻身隨軍隊來台，再也沒見過家鄉親人，直到四十年後。太湊巧的是我自己在一九四九年三月在上海坐的是海張輪來台，他在一九五〇年在海南島來台坐的也是海張輪。

他引用《大江大海》的一句話：「上了船，就是一生。」我要痛苦地補上一句：「打了仗，就是永別。」因此在今年五月十日總統府前廣場上慶祝母親節與佛誕節時，面對多位在場的政治領袖，我突然講出：「送給母親最好的禮物就是和平。」我欣賞美國的民主開放，但不能原諒它參與越南、阿富汗、伊拉克等地的戰爭，所帶來的家破人亡。

一九五三年，馬玉山十七歲進入陸軍官校，男兒報國，立志要做「將軍」。他報國的志氣及英挺的身材，在官校成績優異名列前茅，受到長官器重；並且遴選赴美砲兵飛彈學校受訓。隨著他長官（砲兵學校校長張國疆將軍）轉調台北市警務處處長，一定要帶他去擔任機要助理。後來發現，這是公務員，不是軍職，就這樣竟然錯失了「將軍夢」。

一九六四年從軍中退伍，十一年優秀的軍中表現累積了不少記功與嘉獎，退休時還多發了兩千元獎金。

然後因緣際會進入商界，服務於嘉新水泥，在張敏鈺及張東平兩位企業家那裡，學習到前所不熟悉的經營才能。

（二）以誠信創設事業

一九七九年，馬玉山四十三歲，正是猛虎出柙，獨創事業的成熟時刻。戰亂中他學到了「求生」，逃難中他學到了「磨練」，軍旅中他學到了「紀律」與「使命」，他更從企業界學到了「經營」與「創業」，更自一九六六年結婚娶得了一位美麗與賢淑的台灣姑娘。他告訴自己不僅要善盡家庭責任，此刻也要事業「輝煌」，使族群聯姻增添佳話。

三十六年前，他以一百萬元創辦了「冠漢實業」，這是他個人與社會雙贏的開始。「將軍夢」已遠離，「創業夢」再也擋不住，先做建材，後做建築，再進而建設，一幢又一幢的冠德大廈及搶購潮出現。他一路走來，「誠信」是他個人的原則，也是冠德的商標。

這本傳記的每一個故事，每一項經歷，都充滿了率真、奮鬥、執著。馬董事長的一生就是他家鄉山東平度的烙印：純樸與勤奮；表現在讀書、為人、做事上的，就是不打折扣的「誠信」與「認真」。孔子的故鄉就孕育出這麼多令人尊敬的山東性格的才子。我很幸運地認識了一些學術界的友人如于宗先、孫震、剛去世的漢寶德等等。

在當前台灣政商大環境中，講誠信者太少。為了權力與財富，誠與信兩者皆可拋；這真是個人的悲劇。

年輕的創業者不要只看到別人的事業版圖，忽略了最核心的決策思維：誠信。

傳主「誠信」的大小例子散見在本書。

我的一位親戚二十多年前在木柵買了冠德大廈中的一戶，到今天還稱讚它們的「永久售後服務」。另有兩位朋友住進有圖書館的冠德大廈說：他們孩子最喜歡的地方，就是樓下有幾千冊藏書的寬敞亮麗的圖書館。一個動人的故事，就是一位因喜愛圖書館的高中生（洪瑀）而能去MIT深造，因為品學兼優，MIT把一顆行星以她為名（參閱《星星女孩遇見MIT》）。三十年前一位丹麥教授就告訴我：「在丹麥，『窮人』是指錢不多的人；『貧民窟』是指那些家裡沒有書的家庭。」入住「冠德」大廈，永遠告別「貧民窟」。冠德玉山教育基金會近年大力推廣閱讀及文化活動，將來也會有可觀的成績。

「冠德」三十餘年來能夠在良莠不齊的營建業中，建立擁有千人以上的公司，大家稱道的聲譽，當然得來不易。這完全要歸功於創辦人對顧客滿意及品質要求的高標準執行。在節省成本與堅持承諾的天秤上，馬玉山永遠只有「誠信」這個選項。

是「誠信」創建了「冠德」在建築業中的標竿；是「冠德」成就了馬玉山事業上的抱負。

作者為遠見・天下文化事業群董事長

推薦序

歷久彌新的啟發

巫和懋

我認識的馬董事長是從他到了台大EMBA讀書開始，轉眼已經十六年了。雖然有一段時候了，但我還記得很清楚，馬董事長是那屆年齡最長的同學，同時也是最用功的同學之一。上課、下課都把握機會問我很多問題。也是因為這樣的機緣，我和他逐漸的熟識起來。

馬董事長給我最深的印象就是他的真誠，不論是在校讀書還是相處交往，都能感受他的真實誠懇。在他擔任台大EMBA基金會第三屆董事長，及台大EMBA商學會創始會長期間，我多次受邀參與，都感受到他對服務公眾的投入。十年前我去北京大學任教後，每年回台灣都會與他相聚，在縱談兩岸政治經濟發展情勢之際，我更能體會到他由真誠出發而產生深刻的真知灼見，讓我獲益良多。

這本書真誠地記錄了大時代中一個平常人白手起家的奮鬥史，跟著馬董事長，我們也見識到戰爭的殘酷，體會到祖蔭的不可倚靠。從閱讀這本書中，我們在人海波逐中更能認清善良人性之可貴，在急速變動時代中更能明瞭唯有自身不懈的努力，才是唯一可以倚靠的憑藉。

這本書給我另一個深刻的感受是從馬董事長身上，我們看到「企業家精神」。不論是重整岡山廠還是自行創業，在面對各種挑戰時，他都能以不斷的創新和不懈的努力來應對挑戰。當代經濟學從亞當．史密斯的「國富論」開始，就探討如何能有效率的創造國民財富，也就是要把餅做大；到哈佛大學經濟學大師熊彼得更強調「創新」是經濟成長的源泉。熊彼得指出企業家能夠重新組合生產要素，擺脫利潤遞減的困境，是市場經濟賴以成長的主要因素。熊彼得又提出「創造性的破壞」，認定是經濟體得以去舊納新的主要機制，而推動者就是企業家。

當代管理學大師彼得．杜拉克就大力推薦熊彼得的學理，強調在市場經濟中「企業家」比「資本家」重要。我們檢視中國大陸這三十年的快速發展，可以看到其主導思想也是強調「發展是硬道理」。市場經濟想要發展，就必須推動鼓勵企業家發揮創新精神。在當前台灣經濟面對緊縮與下行的困境時，我們更需不斷的創新。

讀這本書，讓我們更能體會到創新必須要有智慧，也必須要有勇氣去付諸實施。讀這本書也讓我們想起《易經》教導我們的「天行健，君子以自強不息」。這本書帶給我們諸多歷久彌新的啟發，引導我們探索如何向前邁進的策略。

作者為北京大學國家發展研究院朗潤講座教授
人力資本與國家政策研究中心常務副主任

推薦序

好的領導者，就是公司最好的示範

郭瑞祥

認識馬董事長超過十五年了，從當初他來唸台大EMBA，是當時最資深的學生，而我是最年輕的菜鳥教授，到如今他仍在企業打拚，我也在學校變成資深教授、行政主管，這中間師生情緣的互動，是我這一生最美好的回憶之一。

我教管理，也擔任管理職，深知管理結合了專業與藝術的成分，既要做中學，也要學中做。做事的技巧，人際的溝通或許可以慢慢磨練出來，但是人格特質與價值觀就難了，而這也正是區分一個好的管理者與好的領導者最大的差別。多年來我本以為這是我獨特的心得，但是看了馬董事長的自傳，才發覺他才是一個典範，做事如此用心，對人如此謙虛，眼光如此獨到，理想如此堅持，學習如此專注，做人如此誠信，這一切都跟他成長背景與歷練習習相關。

看了他的自傳，才知道他幼年來台前坎坷的身世。在那個動亂的世代，是我們生在台灣的人很難想像的。我父親跟馬董事長有幾乎一樣的經歷，在十六歲從山東隨學校逃難來台，進入陸軍官校二十四期，而後一生軍旅身涯，官拜將軍退役。雖然馬董事長後來因緣際會下提早退役，但他與我父親一樣，在年輕時代軍中的訓練，培養了他們堅持、誠信、紀律、專業的個性與價值觀。馬董事長的人生第一個階段就是專業性格的養成。

馬董事長人生第二個階段應該是他進入嘉新水泥，成為經理人的時期。由他的自傳中我們看到他在不同任務中如何腳踏實地完成每一項專案。也在這些歷練中認識貴人，幫助同仁，體恤下屬，有效整合人、事、物。在這個階段，奠定了他管理的能力，也拓展了他的視野，真的從一位專業執行者進入管理整合者的階段。

馬董事長人生的第三階段，就是他自行創業，建立了冠德企業至今的心路歷程。在這個階段，他領導的特質，特別是遠見與變革開始突顯。好的領導者自己就是公司最好的示範，因此他所建立的企業文化也是馬董事長個人的價值觀展現。在企業需要不斷創新的當下，他也持續變革進步，從營建、營造、再跨足購物中心，以及在中國布局。

綜觀本書，雖然多為自傳性的回憶故事及心得，而非學者式的架構整理。但也因此更真實的展現馬董從「專業執行」進入「管理整合」再進入「領導變革」的三段成長過程。

這十五年來，我有幸跟馬董交流成長，從他擔任台大EMBA基金會董事長，以及創立台大EMBA商學會，捐贈「冠德講堂」個案教室等等事蹟，都可看出他經常心存感恩，回饋母校。這樣的企業家真的是我們學習的對象，也期待讀者在本書中領會到他的智慧。想一想，我真應該請他回來學校演講，再多多分享他的「人生管理學」。

作者為台灣大學管理學院院長

推薦序

這一個超人爸爸

馬銘嫺

每個孩子的心裡都有一個偉大的超人爸爸，要如何形容自己的爸爸其實是挺糾結的事。當大家都在讚美他時，一個隱藏版的爸爸就悄悄躍上心頭。

他是一個超人爸爸，因為他上班的時間真的很長。在我的記憶中家裡晚上開飯時間幾乎都是七點半到八點，週六爸爸上班到下午六點，週日也去辦公室看公文。沒看他在家的時間，多半不是在上班，就是在上班的途上。

他是一個要求成績的爸爸，他從來不管理我們功課，因為媽媽已經把扮演罵人的角色發揮到淋漓盡致。他曾說：「我們可以比別人沒錢，但是小孩成績不能比別人差」，所以他總是默默的在帶著分數的考卷上簽名。我們可以從他臉上肌肉線條的細微移動，知道他應該是在乎小孩的在校表現：通常面無表情或嘴角向下代表他對考卷上的數字不太滿意，但是不到罵人的程度；嘴角微微向上揚代表「小子還不錯的表現嘛」。他的表情變化僅到此為止，當然他也不會因為我們成績優秀或表現好有什麼稱讚，因為「行百里路半九十」，好還要更好，永遠追求突破及進步的可能性。

他是一個正直的爸爸，記得我和姊姊小學時，有一次圓山動物園的校外教學，要到動物園門口集合，當時爸爸已經調回台北，公司配有司機伯伯。他上班地點離動物園真的不遠，大概開車再過幾個紅綠燈就到，媽媽問爸爸是否可以載我們一程，他只回答：「公務車怎可用來載小孩校外教學？」後來我們姊妹是從家附近搭公車到台北火車站，再轉搭別的公車到圓山動物園。

他是一個認真的爸爸，大家都知道他念ＥＭＢＡ的事，我就不覆述這段大齡求學的故事。我想說的是，他練高爾夫的過程，他真的非常認真每天早上和媽媽去青年公園練習場練習揮桿。他總是一邊流汗一邊揮桿，可媲美納爾遜將軍的上課精神；無論晴雨寒暑他都會去練習，練到扭傷貼膏藥還照常去練習，回家後叫我們幫忙撕膏藥，貼上新膏藥，明天繼續練。

他是一個不擅修理東西的爸爸，家中電器或馬桶壞掉，都是由媽媽負責，因為我的爸爸在工作。有一次適逢一個大颱風，因為氣象報導說得很恐怖，於是那天我們爸爸終於在家避颱風。但不知為何公寓梯間的燈壞了，他看到媽媽搬了椅子叫我們小孩扶穩椅子四周，好讓她站穩上去修理，爸爸當仁不讓要幫媽媽修電燈。媽媽一邊教他如何打開燈罩，一邊叫我們在下面不要吵架好好扶住椅子；突然間匡噹一聲，燈罩不知為何破了，我們偉大爸爸的額頭掛彩了，接著燈罩就不用修了，因為爸爸去急診了。那是我唯一一次看到他修東西的樣子，自此，也沒人讓他修東西了。

他也是一個鄉愁的爸爸，我們小時候覺得好奇，他脖子上那條淡淡的痕跡打那兒來的，他總是模糊以對或說胎記或說開刀痕跡，但總帶著略略落寞的表情，那是不能解的鄉愁及記憶。

山東人以麵食為主，我們家週日的團康活動，就是包水餃。媽媽負責準備餡料，我們小孩負責打雜，遞沾水碗，煮水，順便在旁邊學包水餃及煮水餃。此時爸爸上場了，他真的很厲害，水餃到他手上輕輕一捏，就變成一個個扎實美麗的花苞，我們始終學不會。問他打那兒學的，也是一抹輕輕的微笑，說是小時候學的，那也是一個不能解的鄉愁及記憶。

媽媽煮什麼爸爸從不挑食，因為他深切了解服從家中最高權威的重要性，所以我們家永遠是台式料理。只是有時可能不合口味吧，他就會走到廚房拿一顆生大蒜配著吃，我們都知道那代表他不太喜歡那頓晚餐，可是那顆大蒜，也代表著他的生活習慣。

本來想寫暗黑版的爸爸，寫完才發現他真的是我們心目中的超人。

冠德為何可以一步一腳印，從零走到現在的規模？沒有祖產，更無天上掉下來的彩金，但一路走來一直鞭策自己努力再努力，努力服務客戶，努力蓋更好的房子以及提供更多元的服務。我們老闆的經歷及故事，正點出公司的一點成功，是來自於大家的努力及他的超人意志。

是的，他真的很超人！

作者為冠德玉山教育基金會執行長

自序
痛苦都是日後的養分

我有兩個故鄉，一個是山東，一個則是台灣。

我在山東平度出生，但十幾歲就跟著部隊來到台灣。山東是我的根，而台灣，則是真正滋養我、讓我成家立業的地方。

所有我接受過的正規教育，都是在台灣完成的。小時候，中國大陸北方連年在打仗，後來逃難時又顛沛流離，根本沒辦法好好上課，學習非常克難，一直到了台灣以後，才開始穩定下來好好讀書。

我太太是道地的台灣小姐，我們冠德是台灣的上市公司，我在台灣建立家庭、建立事業，對這片土地，有著極深厚的感情，我確確實實覺得自己是一個台灣人。

這幾年，常到中國大陸訪問，雖然我閩南語講得不好，可是我到大陸時，不時就會想要講兩句閩南語，或許，這就是一種「想家」的心情吧。當人身在外地時，才會意識到自己對家鄉的思念。台灣對我來說，早就是家鄉，若不是這片土地給我的滋養，我不會有今天。

雖然因為歷史的因素，台灣早年存在族群問題，現在也仍常陷於藍綠紛爭，但是，從我自己數十年來的觀察，我覺得台灣的文化有很強的包容性，百姓工作勤勞努力、性格溫暖好客，願意接納認真奮鬥的人。

我到台灣來時，只是一個失去雙親庇護、一無所有的孩子，但我現在卻創辦了一個擁有上千人團隊的企業集團，之所以能夠如此，是因為台灣社會提供一個公平、合理的競爭環境，讓有抱負又願意耕耘的人，都能得到發展機會。

我先是受陸軍官校教育，後來，我去考了淡大夜間部，半工半讀完成大學學業；一九九九年，事業略有小成之際，我又去考台大EMBA，取得碩士學位。在台灣，只要你真的有心想讀書，不愁沒有受教機會。

我做的是建築業，過去，這個產業的本土色彩很濃厚，以所謂的「本省人」居大宗，在工會裡，只有我是「外省人」，可是同業們也不會覺得我是「外省人」就結黨刻意排擠我，我們都是好朋友，大家在生意場上，公平地各憑本事競爭。

路逢貴人，得道多助

在我這一生中，有太多需要感謝的貴人。

童年時，因為對日抗戰，我幾乎失去所有親人，要不是有我母親陪嫁彩虹姐與我二嫂的接濟收容，我可能已經死在戰亂中。她們與我並沒有血緣關係，純粹只是因為憐憫我孤苦無依，所以幫助我，在那個自身難保的非常時期，只有無比善良的人，才能做出那樣的決定。

少年時，戰火未歇。先是有我二哥袍澤宋隊長一家人庇護供養我，後來戰事白熱化，我隨軍隊逃出青島，過程中也險象環生，但因為劉安祺上將以及許多軍人的保護，我才能毫髮無傷地來到台灣。

在那種時代，個人是很渺小的，無數人命就像是泡沫一樣，毫無價值地消失了，我真的很幸運，遇到許多好人，得以苟全性命於亂世。這些人不但是我的救命恩人，他們的人格對我的影響亦很深遠，他們讓我知道什麼叫做慈悲、什麼叫做「重然諾」，一個人無論在何種困境中，還是可以選擇做一個溫柔善良、正直磊落的人。

我在台灣一開始受的是陸軍官校教育，原本，我是以「當將軍」為生涯目標，但卻誤打誤撞進入了企業界。

我在警務處的長官張國疆張處長，對我十分照顧提拔，他當初把我從部隊拉去當公務員，雖然斷了我的「將軍夢」，但如今回想，說不定這才是最好的結果。我在嘉新水泥時，曾與老長官在休士頓碰面過，他非常以我為榮，再三勉勵我：「玉山，你做專業經理人也做得這麼好，將來也要走得穩穩當當啊。」我連忙說：「這都是老長官教育得好。」我這句話可不是客套話，是真心的感謝。想當年我二十多歲的年紀，多虧張處長和他官家小姐出身的夫人細心調教，我才能通曉這許多應對進退、人際關係的技巧。

進入企業界以後，嘉新水泥張敏鈺董事長，還有他的公子張東平副董事長，對我非常信任授權，我所做的決策他們都完全支持，放手讓我去做，給我很大的發揮舞台。在嘉新水泥或其相關事業那幾年經手的任務，無論是做岡山廠廠長或是擔任專業經理人，乃至於負責蓋ＩＢＭ大樓，這些經驗，都對我後來創業產生極大的效益。他們的知遇之恩，我深深感激。

在這段期間，我也結交了不少知心的好朋友，當時在《經濟日報》任職、主跑水泥業的媒體朋友李紀台就是其一。他很欣賞我，一直說服我要出來創業，也不吝於介紹他的人脈給我認識，我與有「經營之神」美稱的前台塑董事長王永慶先生結緣，就是透過李紀台的引介。

王永慶先生曾經多次問我是否願意到台塑任職，甚至提議說可以創立一間公司讓我當總經理，能夠蒙他賞識，我甚感光榮。每一次跟王永慶先生見面，都能學到不少經營技巧與管理哲學。

台塑當年在花蓮有一個石灰石研磨廠，記得有一次我受邀到王永慶先生家裡吃飯，石灰廠的廠長也在，王董事長席間問那位廠長：「你生產一噸石灰石粉，要用到多少度電？」對方猶豫片刻，回答了一個數字，王永慶先生糾正他，說應該是某某度才對，後來又問到運石灰石用火車或用貨車運的成本差異，我看那位廠長這頓飯恐怕是吃得冷汗直流。王永慶先生的事業版圖這麼大，但是對成本的掌握仍如此精明，實在令我折服不已。

雖然後來我並沒有加入台塑，而是選擇創業，但我還是誠懇去請益他：「報告董事長，我現在創了一個一點點大的事業，想請教您，該怎麼當董事長？」

王永慶先生也很大方地告訴我：「當董事長第一要緊的，就是一定要實際參與經營管理，如果你沒有參與經營管理，你就不知道你團隊裡哪一個人是真正有能力的人；第二，你的成本一定要抓得很清楚，不合理一定要馬上改善。」

我經營冠德這三十幾年來，一直莫敢或忘這二個大原則。冠德能夠走到今天，王永慶先生給我的指導，是一定要記上一筆的。

我曾經上過李四端先生的節目，他問我：「為什麼董事長什麼事都要跑到第一線？」我回答他：「在這團隊裡我最資深、最有經驗，發生重要問題，我怎麼可以往後退？」這種原則，一方面源自我受過的軍人教育，指揮官絕不可臨陣脫逃；另一方面，則是王董事長的精闢指教。

多年來，陪著我一起打拚的冠德同仁，也是我生命中的重要貴人。

因為是自己一手創辦的事業，我花在工作上的時間極長，對我來說，冠德建設就像是另一個家一樣，同仁們就好像家人一般，同甘共苦，榮辱與共，沒有他們的付出與承擔，冠德不會有今天。

永遠的大後方

還有一位貴人，我想特別提一下，她是我這輩子最重要的貴人，就是我的太太。跟她交往時，我在當公務員，薪水只有一點點，她一個台灣小姐，竟然願意下嫁給我這個什麼都沒有的「外省人」，勇氣可嘉。

我不管做什麼決定，我太太幾乎都支持我。當年我本來要隻身去美國讀書，我們已經有孩子了，但她卻沒反對，只是默默買了布，幫我做了幾套褲子，想讓我帶去那裡打工時可以穿。張東平先生希望我調任到岡山廠擔任廠長，而且是隔天就要動身，我回去跟我太太講，她居然也沒有說不。我在岡山廠那三年，經常每隔兩、三個月才能回家一次，根本沒辦法分擔家裡的事，她也沒有怨言，自己一個人帶孩子、打理所有家務。對於一位職業婦女而言，是何其辛勞，我由衷感謝她對我的支持，以及對我們子女的教養與付出。

等到我考慮要創業時，她更是給我極大的鼓勵，即使我要把我們住的房子拿去抵押，她仍然支持。二〇〇〇年，我個人的投資失利，公司也面臨很嚴峻的挑戰，她沒有歇斯底里找我吵架，而是實事求是地幫我解決了所有私人財務的問題，讓我無後顧之憂去挽救公司於危機之中，她實在是一個有勇有謀的女性。

我在工作上遇到困難時，太太經常給我許多鼓勵，反而是我事業做得很順時，她經常提出批評：「你要知道，這些事別人不會跟你講，只有我會跟你講，你不要得意忘形。」忠言逆耳，有些話聽起來實在不那麼舒服，但確實是我最需要的，我很慶幸自己能夠擁有這樣一位獨立、堅強而又有智慧的賢內助。

坦蕩走大路

《天下文化》的高希均教授當初邀請我出書時，我一直有點惶恐，覺得實在不敢當，我馬某人的人生，真的有什麼值得出一本書的內容嗎？

我雖是白手起家，但並不覺得自己有太多豐功偉業可提。比規模，冠德建設是大型建商，獲利也不錯，但並不是最賺錢的建商。雖然很努力想為社會做出更多貢獻，但也一直很忐忑，覺得還做得不夠。

若要說有什麼可以跟讀者分享的，我想是一點做人做事的堅持吧。

《論語》裡有句話叫「行不由徑」，形容人做事正直不偏邪，這也是我給自己的期許——從以前到現在，無論是做人或做事，我一直要求自己要堂堂正正走大路，不要去走偏邪小路。我不結交不正派的朋友，做事業時，也絕不為了賺錢而昧良心。

但無論是做專業經理人或是創業，我敢說我手潔心清，從來沒有做過什麼違反法律或罔顧道義的事情。每個創業的人，都希望自己的公司能夠飛黃騰達，我當然也是，可是那必須在誠信經營的前提下。我們冠德建設雖然不是最大、最賺錢的建商，但我們對於品質的堅持和服務的滿意度，顧客們應該是有目共睹。

雖然過程中，經常遭遇各種危機和考驗，但我一直是很樂觀而且很有信心的人。我從沒想過要放棄，一旦放棄了，就什麼都歸零了，而且，你該怎麼跟那些全心信賴你的人們交代呢？我總是相信，只要認真踏實去做，困難一定可以解決的，就算可能要經歷一些痛苦，但只要能熬過這些痛苦，這些經驗值，都會成為日後更上層樓的養分。

特別感謝高教授的邀請，以及天下文化團隊的支援，讓我有機會能夠爬梳過去的人生。

跟諸位讀者分享這一點點經驗與心得，期盼與大家共勉勵。

楔子

三十六年前，我跟幾個夥伴籌資了一百萬元，創辦了一個小小的事業，叫做「冠漢實業」。一開始，做的是建材，後來，我們轉做建築，更名叫做「冠德建設」。

在冠德建設還很小的時候，我就對它寄予厚望，我知道我們一定可以做得更好、更大，不會永遠只是一家小公司，而有可能變成一家實力堅強的企業。

一九八七年左右，台灣股市一片榮景，到一九九〇年時，更站上了萬點，領軍的產業是金融與傳產。那段時間前後，台灣掀起一波上市潮，有很多公司摩拳擦掌準備要上市，我們冠德建設也是其中之一。

當時還沒有完備的機制監督，想上市的公司良莠不齊，有些公司想上市，只是意圖想要吸金，因此很多媒體都在追內幕。

我想讓公司上市的理由，一是為了要永續經營，二是為了要吸引人才。還沒上市前，我們的財務、業績就非常透明，我不怕任何人來查，無論金管機關或媒體要蒐集任何資訊，我都知無不言，而且歡迎查證。

記得在某一次餐會中，有個報社記者問了一大堆問題，我針對他每一個問題，都提出詳細數字據實以告，會後他忍不住歎道：「你們冠德，還真是營建業的模範生。」

從那一天起，「營建業模範生」這個外號就不脛而走。

這個外號對我來說，不只是一個讚美，也是一個永遠不可辜負的高標期望。

一九九三年冠德上市時，大部分跟我們一起上市的公司，股本都在十億元以上，我們才五億六千萬元，算是一支小股；如今，有些當年上市的公司已經消失，但冠德建設則成長為一家資本額五十億多的企業，還開枝散葉，另外創辦了根基營造和環球購物中心兩家企業，旗下員工超過千名。

這麼多年來，我在經營上，一直兢兢業業、愛惜羽毛，為的就是不辜負這個美名、不辜負同仁，也不辜負我自己。

第一章

烽火童年

在我的性格中，
有一種樂觀的特質，
支撐我面對人生任何變局，
從不懷憂喪志。
在最惡劣的處境中，
我依然沒有絕望喪志過。
我總是有種信念，
就算眼下艱難一點，
將來有一天總會好轉的。

一九三六年，我出生於山東平度，注定要恭逢一個驚天動地的時代。

我整個成長歲月，都在烽火中度過，童年時是對日抗戰，少年時則是國共戰爭，一次讓我失去父母兄弟，另一次則迫使我遠走他鄉。

我家原本是家道殷實的書香門第，人丁很興旺，我母親一共生了六個孩子，全都是男孩，老大很小的時候就夭折了，家裡一共五個兄弟，我是排行最小的孩子。

我母親很晚才懷我，生我那年，都已經四十五歲。因為家裡男孩子多，家裡很期待能來個女孩兒，母親懷孕期間一直燒香拜佛，祈禱腹中胎兒是個女娃娃，可惜還是個男孩兒。雖然不是一心期待的女孩兒，但家族添新成員，大家還是很歡喜。我長大一點後聽別人說，當年我滿月時，家裡為了慶祝，擺了上百桌的滿月酒。若是家裡沒有一點根柢，想來也無法有這種排場，可見得抗日戰爭前，我家應該是相當寬裕的大戶人家。

我外祖父是前清秀才，母親也受過良好教育，我家裡讀書風氣很盛，若在太平盛世，我想我大概也會被培養成一個知識份子吧。

但是，戰爭改變了一切。

我大約一歲時，局勢就已經很混亂，父親不幸遇害喪命，因此我對父親其實沒有任何印象。到我兩歲多時，對日戰爭正式爆發，我的四個哥哥比我年齡大甚多，陸續踏上戰場，離家打日本人去了，不幸的是，其中三個哥哥都在戰役中陣亡了。

我二哥是我母親過世以後才犧牲的，我大哥、三哥則走得很早。我母親先是喪夫，而後又失去二個兒子，對一個女人來說，還有什麼打擊比這更殘酷？她承受不了這種痛苦，憂憤成疾，抑鬱以終。她過世那一年，我年僅三歲。

我記得我母親臨終前，拉著我的手說：「你要好好做人、好好做事、好好讀書……」我年紀太小了，什麼叫做「好好做人、好好做事」，我聽得懵懵懂懂，只聽得懂「要好好讀書」這句。

母親這句話，在我心中太有份量了，在我後來的人生中，雖幾經顛沛流離，但我一直記得母親這最後的教誨，只要有機會讀書，我一定認真學習。

母親過世後，由祖父母接手照顧我。老人家憐惜我這麼小就失去雙親，對我非常疼愛，特別是我祖母，更是無微不至。到現在，我還記得許多跟祖母互動的溫馨小事。

現在的學童大概七點到校，但以前在北方，有上學的小孩子們可能凌晨五點左右，就要打著燈籠摸黑到學校去背書。北方冬天極冷，出門前，我祖母都會準備一碗熱的東西給我吃，或是給我喝一小杯高粱酒，肚子裡暖和，全身就暖了。有時外面風雪大，祖母怕我凍裂了小臉，還會把豬油兌水稀釋了，細心擦在我臉上防凍。雖然我父母都不在了，但在我祖父母愛護下，我仍受到妥貼的照顧。

反日氣氛高漲

日本人占台期間，多少還有點建設，但抗日戰爭期間，日本人在中國只是不折不扣的侵略者，燒殺劫掠，無惡不作，我們那裡的老百姓，全都很憎恨日本人。

日本兵完全把我們那兒的人當次等人看待。我小時候所在的地區是日軍占領區，我們進城時，都有日本人守在城門旁，想進城的人看到日本衛兵或日本國旗，一定要馬上鞠躬行禮，否則日本兵一個不順眼，就會拳打腳踢，甚至可能就開槍殺人了。

每次進城，我心裡都很不以為然，我們在家裡，都不見得對自己的父母這麼恭敬，憑什麼要對日本兵這樣卑躬屈膝？但是，在日本人淫威之下，百姓們為了保全性命，都敢怒不敢言。因為日軍的種種暴行，不但大人對日本人恨之入骨，就連小孩子，也都有很高的民族意識，學校裡反日的氣氛很濃厚。

日本人想透過教育來洗腦，偶爾會派日本教師到我們的小學堂發一些日文書，教大家日文，隔段時間再派人回來驗收學習成果。但沒有人想學敵人的語文，只要日本人前腳一走，大家馬上就把日文書扔到一旁，誰還會想去複習？

等過段時間，日本教師來驗收時，把我們一個個叫到講台前做測驗，若答不出來，就劈頭劈臉地打。因為不肯花心思學，多數人都不知道答案，就算有人知道答案，也會假裝不知道，寧可挨日本人打。

為什麼呢？因為如果有人因為怕被日本人打而乖乖回答，等日本人離開以後，同學就會聯手起來狠揍那個人。當時戰情正熾，大家都太恨日本人了，你怎麼還去學日本話？這麼「沒骨氣」，會被視為漢奸、叛徒、懦夫，而被排擠唾棄的。所以到後來，日本人來驗收，大家不管會不會都裝糊塗，班上三十個孩子，每次都是從第一個打到第三十個。

在那個時代氛圍下，年輕人只要有能力，就該義無反顧站出來殺鬼子報效國家。我二哥就是這樣，我家本來有很多田地、家產，但二哥為了打鬼子，把財產都陸續變賣了，組了支游擊隊跟日本人作戰。而我四哥，後來也抗戰去了，我爸媽五個孩子，只剩下年幼的我沒上戰場。

在那種亂世，整個世代的年輕人都受到衝擊，哪還能談什麼個人抱負？談什麼生涯夢想？整個人生就這樣捲進戰爭了。

記得跟祖父母住的那段時間，有一天晚上，祖父跟一些老人家在院子裡談話，我正好從外頭進來，聽到有個長輩感慨萬千歎道：「因為打仗的關係，我們這一代，乃至於下一代，通通都沒有希望了……」他一抬眼，看到我進來，便指著我說：「也許到他們這一代，情況會好一些罷！」

可惜，我的祖父母都沒能等到我這一代否極泰來。

時代的悲劇

我小學讀了一年多，大概六歲時，祖母過世了，家裡剩下我跟祖父相依為命。

我家的祖宅非常大，座向朝東，從大門進來，還有二進，之後還要經過一個拱廊，進到中庭以後，才會到主屋。房子也很寬敞，說不定有十幾個房間，寬寬窄窄、高高低低，每個房間裝設都不一樣。庭院裡種植許多風雅的竹子與花木，家裡還有用來儲存小麥、小米、黃豆等作物的大糧倉。

可以想像，要維持這樣一個家，需要很多人力，在戰爭爆發以前，家裡人口本來就多，又聘僱了許多來幫忙的長工，家裡是很熱鬧的。可是，打仗以後，我父母過世，哥哥們陸續從軍，家道驟然落敗，雇工們也都四散各奔東西了，偌大的宅院裡，只剩下我們祖孫二人住，非常冷清。

記得小時候，我祖父年紀大，很早就睡了，我有時在外頭跟其他村童玩到天黑，回家時，一想到要進主屋前，還得穿過黑漆漆的二進門才能到達，心裡就會有些害怕，擔心會有歹人埋伏院子裡。為了防身，我都會在懷裡揣一個手榴彈，手指緊緊鉤住引信，以防有歹人暗算。

一個六歲的小孩子，為什麼會有手榴彈這種危險的東西呢？那其實是偶然的機會下，一個軍人送給我的，說如果你遇到日本人欺負你，就把引信拔開扔過去。我不敢給我祖父知道我有這樣危險的東西，拿了個盒子小心翼翼裝起來，偷偷藏在家裡某處，出門玩兒時才會帶出來「防身」。

家裡剩我跟祖父這一老一小，寂寥冷清倒也罷了，我們都沒有生產力，吃飯問題怎麼解決？沒辦法，只好跟人要去。

我家以前的祖墳占地不小，家道中落前，還特別聘僱了一個長工和他一家人幫我們看管祖墳，另外並給他一塊地耕種，所有收成歸他，並未另外跟他收租。我家落敗後，家裡要斷炊，我爺爺便要我去找他。

這個人是個很忠厚的人，惦記著以前東家的照顧，儘管我家已經不若以往，但每次去，他還是不會直呼我的名字，都客氣稱我為「五少爺」，從來也沒有給我臉色看過，更沒有說過一句：「哼，這小鬼又來拿糧食了！」之類的難聽話，還事先費心把麵粉先磨細、小米準備好，讓我帶回去就可以下鍋。在戰時，大家自顧尚且不暇，這種溫暖人情，格外難得。

儘管暫能苟安，但兵荒馬亂，每個人的生活都朝不保夕，誰也說不準明天會如何，我祖父已是風燭之年，身體一直不是很好，我想他一定很擔憂，他萬一過世，我這個小孫兒該怎麼辦？

北方冬天很冷，我跟祖父每天晚上都一起睡在炕上，下面烤火取暖。大炕很長，通常是祖父睡一頭，我睡另一頭。有一天夜裡，祖父突然喊我的乳名：「安邦，好像有小偷進來了，你睡到我這頭來吧。」

小孩子沒什麼心眼，就依言睡過去。睡到半夜，突然覺得頸子被某種鋒利的東西劃了一下，奇怪，當下也不覺得很痛，還以為自己在做夢，竟迷迷糊糊翻個身又繼續睡了。

第二天早上醒來，發現身上沾了好多好多的血，大吃一驚，一看旁邊，我祖父動也不動，他老人家已經過世了……

我恍然明白，祖父知道自己大限將至，怕我無父無母，留在世上會受苦，想在臨終前把我帶走，比較沒有牽掛。半夜裡，他把我喊到身邊，打算用剃刀割斷我的氣管，但不知是祖父年老力衰，又或者是終究無法對孫兒下此重手，傷口劃得不夠深，而且位置也劃得太低了，所以我才能僥倖活下來。

我脖子上的傷疤到現在還在，前幾年我做體檢，醫生看到疤痕還問我：「馬董啊，你甲狀腺是什麼時候開的刀？」我心裡苦笑，這哪裡是甲狀腺開刀？但這前因後果，也不是一時三刻能說清楚的，我沒多解釋，只是淡淡笑答：「很久了。」

手刃自己的親骨肉，聽起來匪夷所思，但我完全可以理解祖父在那個處境下的絕望心情。

到底是什麼樣的世道？讓百萬千萬的人妻離子散、家破人亡，讓至親得橫著心做出這樣殘酷的決定？沒有經歷過戰亂的人，恐怕很難想像。

寄人籬下

事發隔日，鄰居知道出事了，連忙幫我脖子敷藥包紮，所幸創口並不深，並無大礙，真正麻煩的問題是：我孤苦伶仃，將來該何去何從？

鄉裡的人幫忙處理完我祖父的後事，家裡就剩下我一個人了，當時，我才八歲，差不多就是現在小學二年級學童這麼大而已，我得找人投靠去。

我第一個投靠的人，是彩虹姐。

彩虹姐是我母親的陪嫁丫鬟，當時大戶人家嫁女兒，經常會陪嫁一個丫鬟隨女方過去男方家裡生活，比較有個照料。很多人把陪嫁丫鬟當成下人或甚至財產看待，但我家裡從來不是這樣，我母親都要我喊她姐姐。我記得有一次，我跟其他小孩兒玩時，他們說：「你姐姐其實不是你親姐姐，她只是你媽的丫鬟。」我回家把這話講給我母親聽，她馬上變色處罰我，嚴詞叮囑：「她是姐姐！他們講的不對，下次不准這樣講！」

我家是真正把彩虹姐當女兒看待，而彩虹姐則把母親待她的好，全都回饋在我身上，對我就像親弟弟一樣地愛惜。

我祖父過世時，彩虹姐已經嫁人多年，我去投靠她時，第一次見面，她就百般疼惜地帶了個煮雞蛋給我吃，那個時候雞蛋可是稀罕的東西啊，我到現在都還記得那個雞蛋的滋味。

雖然彩虹姐已經嫁人，但她憐我孤苦，還是硬著頭皮把我帶回婆家照顧。她婆家經濟環境也不是很好，家裡沒有多餘的房間，我跟彩虹姐就一起睡在養驢子和騾子的房子裡，有時候，她夜裡還要爬起來餵牲口，十分辛苦。

戰時家家戶戶都很貧窮，很多作物都因為打仗被毀壞而歉收，資源極其匱乏，憑空冒出一個沒有生產力，又要張口吃飯的孩子，彩虹姐得承受不少壓力。

平常大家省吃儉用，都吃窩窩頭配鹹菜，或是吃地瓜乾（把地瓜曬乾，要吃時再蒸熟）之類的粗食，只有過年，才能吃到水餃或年糕這種精緻食物。

我還記得有一年農曆年，年十五家裡依習俗吃年糕，我看到年糕上桌，一時忘形，忍不住就伸出筷子，彩虹姐見狀，立刻從半空中把我的筷子撥開，緊張地說：「等大人吃過，你才可以吃。」我當下馬上醒悟自己的魯莽，默不作聲。吃過飯以後，彩虹姐的孩子彷彿有點情緒似的，正眼也不看我，噹地把筷子往鍋裡一扔，我想大概跟晚飯時的「年糕事件」有關吧？我還只是個孩子，就感受得到這種壓力，彩虹姐面對婆家，心裡肯定更為難。

整個童年，我幾乎沒有感覺吃飽過，也不單是我，人人都如此。在食物短缺的戰時，家裡多口人，絕對不是「多雙筷子」而已。對彩虹姐的婆家而言，這個非親非故的孩子多吃一口飯，就等於家裡人要少吃一口飯，婆家人心裡嘀咕，也是人之常情，並不是他們不慷慨，只是資源有限，當然只能先照顧自家人。

住了一段時間，有天彩虹姐跟我講：「還是我帶你去找你二哥好不好？」我沒細想就答應了，我知道彩虹姐的難處，她待我是真心好，但她畢竟已經嫁人，不能不管婆家的感受。

我二哥駐紮的地方，大約距離我家十五公里，我跟彩虹姐大概走了三、四個小時才到，到了那裡，跟衛兵講我二哥的名字，他便把我領去找二哥。因為我二哥是游擊隊隊長，經常在城鎮周圍打帶跑跟日本人周旋，也不方便帶著孩子，於是我就跟著二嫂住在城裡。

有一天，日本人包圍了城鎮，游擊隊守不住，城被攻破了，日本人進來以後就開始到處放火，拿著步槍大聲威嚇百姓們不要輕舉妄動。我二嫂連忙把我帶出屋子，我們只能驚駭地躲在一旁，眼睜睜看日軍放火燒毀我們的房子。第二天，我們狼狽地逃出城，走到一半，遠遠看到地上有好幾具屍首，我二嫂激動地跑過去看，天啊，其中一具就是我二哥，他在這場惡戰中，壯烈犧牲了。

我才剛從彩虹姐那裡過來依親沒多久，沒想到再見到二哥面時，他竟然已經成為一具冰冷的遺體，這讓人情何以堪？而在這場浩劫中，像這樣悲慘的事情，數之不盡，我家，只是其中之一。

二哥死後，我就跟著我二嫂回她娘家住。二嫂待我不薄，不但收留我，竟然還讓我繼續上學堂讀書，沒有要我下田做農事。不過，對二嫂來說，要多養這個憑空出現的小小叔，也得蒙受不少壓力，所以住了一陣子，我又回彩虹姐家住，住一陣子後，再到我二嫂娘家住……就這樣輪流在二嫂娘家跟彩虹姐婆家兩戶人家裡寄人籬下，直到我十三歲到部隊為止。

之後國共戰爭爆發，我隨部隊飄洋過海到台灣來，就再也沒有見到彩虹姐與二嫂了，等到政府開放探親，我再度見到她們時，已經過了悠悠四十餘年。

貴人恩情難報償

在我顛沛流離的童年歲月裡，如果不是有彩虹姐和我二嫂這樣的貴人，今日我早已不知淪落何方，甚至也許早已命喪黃泉。

在那樣朝不保夕的非常時期，她們仍願意咬緊牙關，去幫助一個跟自己毫無血緣關係的落難孩子，這是何其偉大的情操？而且，她們對我伸出援手，純粹只是基於溫柔善良的惻隱之心，從來沒有指望他日能得到回報。

「人生不相見，動如參與商。」多年來，我一直掛念著她們，奈何政治局勢緊繃，無法相見，直到一九八七年政府開放到大陸探親以後，我才能回到平度尋找故人。

這次重逢，彩虹姐早已上了年紀，我也已經年近六旬。物換星移，景物不依舊，人事也全非，一切恍如隔世，兩人撫今追昔，不禁感觸萬千，相擁而泣。

這麼多年來，我一直惦記著彩虹姐的恩情，那時候我在台灣經商數十年，算是有一點點小成，非常希望有機會能夠報答她。

彩虹姐與內人一見如故，兩人談話十分投機。我們夫妻特別帶了些黃金給彩虹姐，聊表一點謝意，我太太還特別送了彩虹姐一只金手鐲。

一段時日以後，我四哥（我僅存的一位兄長，後來也輾轉到台灣來了）也回老家探親，拜訪彩虹姐時，她把我先前致贈的黃金、金飾，全都妥善包成一包，託我四哥帶回台灣給我內人。

彩虹姐並不富有，但從頭到尾，她從來就沒指望我報答過。我跟彩虹姐分離了數十年，這中間完全杳無音訊，沒想到這輩子還有緣能再重逢，即使後來相見，她知道我有點小事業，仍沒想要從我身上得到分毫，所以才會將禮物原封不動全數奉還。

我打開這個包裹，發現那只內人原本要送給彩虹姐的金手鐲上，密密實實纏裹了一結又一結的棉線，我原本想，畢竟黃金質軟，可能是彩虹姐為了要保護金手鐲不被磕碰受損，才仔細纏上那些棉線的吧？

我內人心思細膩，看了說，如果只是為了要保護金飾，實在不必這麼麻煩，「那一圈圈的棉線，是一重重的思念，也是千言萬語為你祈福呢。」一想到彩虹姐的那份心，我真是感動不已。

施恩不望報的，不只是彩虹姐，我二嫂亦然。我跟我太太在彩虹姐家裡住了幾天後，我心想，我嫂子若沒過世，應該也還能找得到，便拜託晚輩們幫我打聽，他們果真也幫我把人找到了。同樣的，我也很希望能夠報答她，但二嫂卻要晚輩轉告我，說她已經改嫁他人了，婉拒與我見面，當然，也婉拒了我的資助。她要晚輩轉告我，她只要知道我現在過得很好，她就很高興了。

彩虹姐與二嫂慈悲高潔的人格，讓我敬佩不已，但恩人不願接受我的棉薄報答，也讓我心中難過、深感遺憾。我真的很希望能為她們做點什麼，她們的大恩我無以為報，連想提供一點物質也無法如願，怎不教人悵惘？

滄海桑田，物非人非

回平度探親的那段時間，我也去昔日我祖宅和祖墳的所在地走了一趟，但滄海桑田，早已不是昔年模樣。

鄉親帶我去看的時候，我小時候那幢有圍牆、大院子、大廳堂、無數房間的宅邸早已消失，許多財產因為經歷多次戰爭，後來都被人占去了。

不只宅邸，我家祖墳也是。原本我家祖墳占地有好幾公頃，墳旁邊還種了許大松樹，上面刻有我們馬家代代子孫的碑文紀錄，記得以前家裡人十分看重這些大松樹，我二哥在外面組游擊隊打日本人時，有一次跟別人借錢去買武器，債權人後來到我家裡來要錢，威脅我們說：「你們要是不還錢，我就把你家祖墳的樹砍掉。」對我家來說，大松樹是一個薪火相傳的象徵，田地可以賣，這些樹可是萬萬不能砍，不管欠多少，都會趕緊湊出來如數還給人家，可見得那些松樹在我家人心目中，意義有多重大。

但我那一次回去探親，祖墳已經全被夷為平地，那些鬱鬱蒼蒼的大松樹也全都砍光，改種了蘋果樹，就連我父母親的墳也被挖掉了。親戚指著某棵樹告訴我，說從那裡往西邊大約走兩百步，應該就是我父母親的墳了。

這真是太令人傷感了，我沒有機會孝敬我父母，現在連個祭弔的所在都沒有了。但這是大時代造成的結果，我這微小的個人，無力挽回或改變任何事，只能準備三炷清香與金紙，與我內人在原地下跪痛哭一場，遙祭我的雙親，祈求他們原諒孩兒的不孝。

提早成熟，提早獨立

或許是童年時的遭遇太過驚心動魄，儘管已經經過數十年歲月，許多當年經歷過的事情，不分鉅細，至今仍歷歷在目。

戰爭影響我至深且鉅，與至親生離死別的傷痛，至今仍深印我心。可是，也因為戰爭的洗禮，迫使我在年紀還小的時候，就得提早長大、提早獨立，好對抗無情的命運。因為幾乎失去所有親人，我才十三歲，就跟著部隊上了船，隻身來到了台灣，一個人在這裡，奮鬥到今天的局面。

我自己覺得，在我的性格中，有一種樂觀的特質，支撐我面對人生任何變局，從不懷憂喪志。儘管年少時過得顛沛流離，倒也不覺得辛苦難熬，在最惡劣的處境中，我依然沒有絕望喪志過，從來沒有過「我這輩子完了」的感覺。

我總是有種信念，就算眼下艱難一點，將來有一天總會好轉的。在人生各個階段，我始終抱持著這種希望，以前是，現在也是。

第二章

上了船，就是一生

面對部屬，

要「做之君，做之師，做之親」。

「做之君」的意思是要懂得如何指揮部屬，

「做之師」則是要懂得如何教導部屬，

而「做之親」則是要懂得愛護部屬，

如此才能帶人帶心。

幾年前，我拜讀龍應台女士的《大江大海一九四九》，看到這一句：「所有的生離死別，都發生在某一個車站、碼頭。上了船，就是一生。」感觸特別深。

我十一、二歲時，離開家鄉平度到青島讀了一陣子書，之後從青島上船，又從海南島搭船到基隆，之後，就一直在台灣了。

真的是「上了船，就是一生」，只是上船的當下，並不知道是如此。

八、九歲時，因為家裡已經沒有家人，有幾年的時間，我就在彩虹姐跟二嫂家輪流住。

我在彩虹姐家住的某段期間，有一天，我走在街上，突然有個人跟我打招呼，那個人是我二哥以前游擊隊的部屬，姓宋。這位宋隊長跟我二哥一樣，都是滿腔熱血的青年，我二哥過世以後，就由他接任隊長，繼續抗日。

我們寒暄了幾句，他問我：「你現在住在哪裡？」我就一五一十跟他講我的近況。他聽了以後問我：「那你願不願意到我家裡去住？」他說，如果我願意去他那裡住，只要回到當初我二哥犧牲的那個地方，問人說要找「宋隊長」，人家就會帶我去見他了。

畢竟我是一個沒有生產力的小孩子，長期住在二嫂和彩虹姐家，給人家裡添麻煩，我心裡也過意不去，便先口頭答應了。

回彩虹姐家後，我跟她提到此事，她本來也認識宋隊長，便說：「那你去看一下也好，如果覺得好的話再留下來，覺得不好的話，你就趕緊回來，知道嗎？」

於是，我找一天就去了。宋隊長過去與我二哥有深厚的袍澤情誼，所以很照顧我。到了一九四五年，抗戰勝利後，游擊隊的戰士們都各自解甲歸田，回老家去耕種田地或經營原本的事業，宋隊長問我：「你是要回自己家呢？還是要跟我回去？」我家宅子跟宋隊家距離只有一點五公里，但那裡已經沒有親人了，回去又如何？我便說：「我已經沒有家了，還是跟你住。」於是，就這樣在宋家住了幾年。

宋隊長家裡還有兩位夫人，但都沒有孩子，他大太太對我特別好，我都敬稱她為大姊。他們一家都是讀過書的人，對知識是十分看重的，雖然我只是個寄居的孩子，大姊仍費心安排我上學讀書，彼此情感甚是親厚。

從青島到海南島

但這樣的太平日子並不長久。一九四六年，國共正式開戰，到一九四八年，戰事打得白熱化。宋隊長是個很好的人，說一打仗東跑西顛，我長時間跟他住，也不是辦法，他打聽到青島有一個臨時中學，專門收容戰時流離失所的孩子去讀書，是政府支持的學校，免學費，問我願不願意過去讀書。

我心想，這也是不錯的機會，便答應了。宋隊長很周到，派人帶著我從平度到青島，找到了學校，跟校長報告了我的狀況，之後我就開始在青島住校讀書。

能夠繼續學業，我當然很高興，只是日子過得真的頗清苦。當時因為內戰，烽火連天，百姓很難正常生產，幾乎沒有什麼可以吃。我們的伙食很慘澹，每天早晨，學生就拿著碗排隊，去領一碗小米、大米之類的穀物煮成的湯粥，而且一個人只能領一碗，每天只供應兩餐，完全沒有蛋白質。對我們這些正值發育的小孩兒來說，當然不夠，每天都餓得慌。每次餓的時候，我就更發憤讀書，強迫自己把心思放在腦袋而不是肚子上。

這種在飢餓中求學的日子過了大概一年。我記得很清楚，那是一九四九年的農曆五月五日，一大早，老師就到宿舍宣布：「現在我們要撤退到台灣去了，不想去台灣的人，就回家去吧；不想回家的人，就跟著我們去台灣吧。」

我對台灣的想像，僅限於地理課本裡的介紹，那兒有產香蕉、那兒的氣候溫暖、土壤肥沃，那兒的山嶺不像我們這裡光禿禿的，都長著高樹茂林……但不管讀了多少關於台灣的資料，對我們來說，那裡就是一座遙遠而陌生的島嶼。

很多同學不想到這麼遠的地方去，就選擇回老家了，但我家早已家破人亡，當然選擇跟著校方。選擇跟著學校走的這群孩子，大約都是十出頭歲的少年，只有一個最年長的是十七歲，男男女女加起來大約有兩百多人，就這樣跟著部隊，一路浩浩蕩蕩，準備從青島上船到台灣去。

負責保護我們的軍團司令，是劉安祺上將，他後來到台灣以後還當過陸軍總司令。他也是山東人，把我們這些人都當做故鄉子弟，慈愛有加。我們這些毛孩子不會拿槍也不懂打仗，對部隊來說還真是無用的累贅，但他還是派人保護我們、供我們吃住，沒事的話，甚至還讓我們讀書。

帶我們到台灣的船叫做「海張號」，我從沒看過這麼大的船，大概有七、八千噸大。那艘船非常深，船上的指揮官把我們安排在底艙，這艘船原本是運煤的，一進去，衣服全都沾得烏漆嘛黑，而且底艙的空氣相當窒濁，令人難受。

奉劉安祺將軍之命來保護我們的屬下，怕我們在船底下悶死了，把我們從底艙全都拉到甲板上來，一上來，那感受真是好比從地獄到天堂。

在碼頭上時，部隊就發給我們每人一個山東大餅充飢，知道我們在船上可能沒什麼東西可吃，又給了我們另一個帶在身邊當乾糧。船在海上走了三天三夜，第三天，大家的餅都吃完了，餓得發昏。指揮官命人在船上燒了一鍋飯給我們吃，每個人只能分到一小半碗，也沒有任何菜餚可以配，但飢腸轆轆，真的覺得這小半碗飯是天底下最好吃的東西了。

初識台灣

香蕉，是我初識台灣的第一個滋味。

海張號到了基隆港，船停泊在外海，下面就漂來了許多賣香蕉的小船。那天是個雨天，穿著簑衣的小販們準備了繫著長繩的小籃子，一頭綁著籃子，另一頭則綁著一塊石頭。如果有人想買，就把繫著石頭那端的繩子拋上船，船上的人把小籃子拉上來以後，放入銀錢，墜下去給賣香蕉的小販，小販收了錢，再把香蕉放入籃內讓顧客拉上船去。

大家都沒吃過香蕉，個個都很好奇，奈何我阮囊羞澀，沒錢買。有個同學身上有錢，買了香蕉，折了半根請我吃，那是我這輩子第一次吃香蕉，只覺此物香甜綿糯，妙不可言，真是人間美果。

我們在基隆港下船，可是我們並未離港太遠，在碼頭附近待了三天之後，部隊又上船，整隊人馬開往海南島去了。我只是學生，不知道為什麼要這樣，現在判斷，大概是海南島需要軍隊去作戰，我們雖然是沒有戰力的人，但因為我們受軍隊庇護，總不能把我們扔在基隆港不管，只好把我們一起帶過去。

我們在基隆港短暫停留的那幾天，有幾件事我印象很深刻，第一是治安好得令人驚訝。我們晚上睡在某個學校裡，發現當時家家戶戶竟然都夜不閉戶，好像都不怕遭小偷。多年後回想，台灣人之所以對日本懷有好感，也不是沒有道理的，日本人當年在台灣殖民時的某些政策，認真說起來，還是頗有建設性的。

第二個印象就是，台灣人非常勤勞。就算下雨，每天還是有很多小販辛勤叫賣東西，我們大陸北方當年沒什麼零售業，大概每隔一兩週才有一次趕集，但在台灣，零售業似乎是非常普遍活躍的行業。

第三個印象則是乾淨。受到日本人影響，台灣許多人家裡的地板都擦得很乾淨，進家門以後要脫鞋子的，跟咱們北方的習慣完全不同。

還有一個印象，則是「便當」。台灣人也喜歡吃便當，這好像也是日本人帶進來的文化，這一切看在我們眼裡，都十分新奇。

雖然與台灣的第一次接觸只有短短幾天，但我對這片土地的印象是很好的，整潔的環境、勤奮的人民、美好的食物，這裡真是個好地方啊。只是當時還真是完全沒想到，台灣會變成我第二個故鄉。

海南島的生死關頭

我們離開基隆，到了海南島，在榆林港下船，跟著部隊停停走走到處移動，一縣一縣走到最北邊的海口，又慢慢折回南邊。因為無法穩定待在同一個定點，當然也就沒辦法進學校讀書，不過，幸運的是，我們的學習並沒有中斷。

當時，部隊裡有一個很熱心的副營長，如果我沒記錯的話，他是清華大學理工科系的高材生。只要部隊移動到某定點以後，他就在附近找間小學教室或是其他建物房間，每天都來幫我們上課，教我們英文、數學、物理等科目，沒有課本或教材，只能靠老師口述，我們做筆記。雖然學習環境很克難，但對我來說，在亂世裡還能讀書，已經很可貴了，我非常感恩，學得格外認真。

待在海南島這段期間，我也得到我四哥的訊息。我四個哥哥，戰死了三個，就剩下大我五歲的四哥還活著，之前因為戰爭，我跟四哥一度失聯，到了一九四九年，共產黨要占領山東時，我才知道四哥跟著部隊往西邊走，我則是到青島，跟著部隊到台灣。

四哥寫了兩封信給我，第一封信，告訴我他人已經到了廣州；第二封信，則是寄了一錢黃金給我。我知道那是四哥身上所有的家當了，他把保命錢全都寄給了我這個幼弟，我既感動，又過意不去，奈何時局動盪，兄弟想見一面也不可得。

我們跟部隊在海南島這樣走走停停，前後大概持續了一年左右，直到戰事頂不住，國軍打算從海南島撤退，部隊怕我們這些孩子們跟不上被共產黨抓住，便派人把我們先送到一個離島上避難。

到現在，我仍不知道當初被送去的離島叫什麼名字，只知道下了船以後，部隊發給我們每個人一些大米，還有一個容量大概是一千西西的水壺，每天只能排隊領一壺水。這一點水，光喝都不夠，哪還有剩可以煮飯？我們只好用海水來煮大米吃，海水飯的味道非常可怕，不是鹹，而是苦，難以下嚥。

熬了一週後，終於等到了船從台灣開來接我們，上船的過程十分驚心動魄，我永生難忘。

船到離島的時間是半夜，夜裡有人叫我們這些學生偷偷上船。行動十分倉促，也沒有小船來接駁，船還沒完全靠岸，就催促著要我們這些會游泳的，先涉水游上去。學生上了船以後，船就轉往海南島去接那些要跟著撤退的軍人。

軍人在海南島匆忙登船之際，共產黨就已經追到岸邊了，雖然還有人沒上船，但情勢緊迫，船必須盡快離岸，一些來不及上船的軍人們，則設法划著小船跟上，靠近大船時，再攀著船體外的網子爬上船。

在登船過程中，共軍用機關槍不斷掃射，很多人在碼頭上就被當場射殺了，還有很多搭著小船希望能趕上大船的人，也紛紛中彈落海。有些人為了求生，在距離靠近時便冒險跳下小船，朝大船游過來，希望能逃過一死，但大多數還是被共軍無情射殺，這場惡戰死了很多人，海水被鮮血染成一片怵目的殷紅。

這是我第一次這麼近距離目睹血腥殺戮，心中驚駭難以形容。在抗日戰爭時期，我雖然也見過許多死屍，但並沒有近距離看到大屠殺的場面。而那次登船撤退，我們這些學生們站在甲板上，完全幫不上忙，只能眼睜睜看到岸邊、小船上的軍人一個個被殺死，場面只能用慘烈來形容。當下心中無限憤慨，亂世中的人命，就如草芥一般，毫無價值。

那次登船，許多軍人犧牲了，但我們這群沒有戰技、又只會消耗物資的學生們，卻都被優先保護，全都平安上船了。因為在離島的那一週，我們除了海水飯，沒有任何東西可以吃，導致嚴重營養不良，全都患了夜盲症，晚上就像瞎子一樣，到台灣後，軍隊發魚肝油給我們吃，這才痊癒。

當初從青島離開時，劉安祺上將就說過：「小孩是國家的棟梁，我身為你們的父母官，我一定把你們這些流亡學生保護好。」所以在戰事激烈時，他先把我們送到離島遠離砲火，之後再派船過來接我們。其實，在那種兵荒馬亂的時候，就算劉安祺上將最後把我們通通丟在離島等死，也是無可厚非，但他沒有遺棄我們，還派專人保護好我們，他承諾會回來，就真的回來了。

在這種非常時期，真的能看到什麼叫做「君子重然諾」，這世上有一些人，是拿生命來實踐承諾的。如果不是劉安祺上將，和那些為我們捨命的軍人們，我不會有今天。

我後來在台灣經商多年後，有一次到老淡水球場打球，偶遇劉安祺上將，我談起當年說：「壽公啊（劉安祺字壽如，人敬稱壽公），當初從青島撤退，要不是你帶我們出來，我們早就沒命了。」

劉安祺上將這個人是很有使命感的軍人，一心總想著國家社稷，他覺得那些付出都是值得的，語帶嘉許地豪爽笑說：「你是那些學生裡最有成就的，雖然最後沒繼續從軍，但你做生意給國家繳稅也很好，也是一種報國啊。」

在我多難的年少時期，遇過許多堂堂正正、高貴勇敢的人，對我的人格形塑產生很深遠的影響，讓我深自期許能夠成為一個正直誠信、不負所託的人，就像他們一樣。

軍校生活

一九五〇年六月一日，我們正式抵達台灣，從這天起，在這片土地上落地生根。

剛到台灣時，我們沒有地方住，在新竹火車站廣場睡了好幾天，我因而染上了嚴重風寒，差點送掉小命，只好把四哥寄給我的一錢黃金變賣了，籌得醫藥費看醫生，這才保住性命，但也因此花了所有財產，從此就身無分文了。

後來部隊重新編整，把學生們分發到各處，我被分發到三十二師當小兵。雖然變成軍人，但我仍覺得讀書很重要，慶幸的是，當時的部隊裡，頗有一些能人，不少排長、連長都可以教我們數學、物理等科目，他們就在軍中開班授課。我天生就愛讀書、愛學習，上課上得很來勁，此外，我對英文特別有興趣，還會自己聽收音機學英文，算是頗用功的學生。

一九五三年，陸軍官校招考，我很想參加。不過，因為我沒有高中畢業文憑，只好先去找團長，請他幫我出類似同等學力的證明，才能參加考試。

第一試大概有五、六十個人，多數都是我們部隊的同學，我順利通過；第二試在東門國小考，考生除了部隊中的學生，其他想要考軍校的人也併在其中一起考，第二試我也通過了。前兩試通過後，必須去鳳山複試，要考物理、化學、英文、數學四科，部隊特地放了我們一週的假去溫書，考完以後，才又回到部隊。

放榜後，榜單登在陸軍的《精忠報》上，大家看了，紛紛來報喜：「馬玉山，你考取陸軍官校二十六期囉！」當時大環境很艱困，考上也沒寄發通知給我，我只好拿著那張印有榜單的《精忠報》和團長的證明去陸軍官校報到。

在陸軍官校之前，我都是克難式學習，一直到這個階段，我才算開始接受有系統的教育。我們那時候陸軍官校的教育大致可分為三階段：第一階段是頭半年的入伍教育，旨在把一個普通的老百姓塑造成一個職業軍人；第二階段是綜合教育，比較像是通才教育；到了第三階段，便開始做分科教育，目的是把學生訓練成專業的軍官，軍校裡有分步兵科、砲兵科、工兵科、輜重科、裝甲科、通信科等，不同科別需要培養不同的兵種專業。

軍校的教育非常嚴格，特別是入伍教育前三個月的密集訓練，更是辛苦。除了學科以外，還有很多軍事課程，有許多體能訓練，游泳、跑步、出操，完全沒有假日。一段時日後，也只有週日下午可以放假，到很後期，才能週日休一整天假。

講到放假，不禁想起一個有趣的插曲。當時資源很匱乏，我們吃飯時都是六個人一桌，每桌只有一小桶飯，配菜只有一碗肥肉煮黃豆或海帶炒黃豆。軍校學生都是正值成長發育的年輕男孩子，六個人分這一點東西，每個人都只能吃一碗多，怎麼會夠呢？一週時間中，大概只有一天有機會可以吃飽，那就是當另三個人放假出校的那天，另三個人可以吃其他三人的份，才能夠吃飽。到後來，大家乾脆講好「輪休」，讓彼此都有機會可以飽餐一頓。

因為每天早上五點鐘一吹哨子我們就得起床，之後要做內務檢查，必須把棉被疊成四四方方的豆腐乾形狀，包括我在內，很多人都不敢把被子攤開來睡，怕隔天早上來不及摺成那個樣子，就算晚上被班長命令抖開來蓋，夜裡還是會偷偷先疊好再睡。我自己進軍校以後，好像沒多少印象有蓋過被子，幸好年輕力壯，也不怎麼怕冷，不蓋被子也沒什麼。

前三個月的密集訓練雖然辛苦，但三個月下來，我的體能變得很好。我原本是完全不會做伏地挺身的，但三個月後，連續做兩、三百下伏地挺身也毫無困難。

在入伍訓練這段期間，我終於見到了闊別多年的四哥。他當時也輾轉從大陸來到了台灣，記得某個週日上完課以後，我們進行體能操練時，四哥來了，他站在旁邊看我，我內心很激動，但我沒辦法立刻去找他，直到操練告一段落，休息十分鐘，我們兄弟才能聊上幾句。

四哥很高興我念了陸軍官校，他欣慰地說：「我們娘過世時，拉著你的手講，『你要好好做人、好好做事、好好讀書』，你已經做到了。」我百感交集，分離這麼多年，有許多話想說，奈何我還得繼續操練，我們兄弟只能草草聊十分鐘，我就得歸隊，但至少，總算是骨肉團圓了。

不過，這一次見面以後。四哥便隨他的部隊駐紮在金門，相隔兩地，兄弟之間要見面困難。後來聽說四哥在金門因為胃病住院，亟需營養與醫藥費，我當時在軍校擔任教育班長，少尉官階的每個月薪水只有一百一十元，根本不夠，只好跟行政官商量，先預支兩個月月俸到金門給哥哥養病。當初四哥用他的保命錢救我，我如今也當報答。

四哥當軍人期間，我們兄弟見面不多，直到多年後，四哥退役以後轉任公職，我們兄弟才終於得以頻繁聚首。

有為者亦若是

我還是官校新生的時候，有一天，值星官班長特別來吩咐我們，說明天早上陸軍總司令孫立人將軍要來參加我們的升旗典禮，大家要留神點。

孫立人將軍是清華大學畢業的，之後到美國普渡大學念土木工程，再之後又到維吉尼亞軍校深造。他不但學識豐富、體育全能，外表又帥氣挺拔，是許多軍校學生嚮往的對象。

我剛好那天輪到要站清晨四點到六點的衛兵，心情特別興奮，五點還不到，遠遠就聽到「砰砰砰砰」的馬靴腳步聲，知道是孫將軍來了，緊張萬分。

他一到，我馬上敬禮，深深為他神氣的風采所懾。一身軍服的孫立人將軍，真是英姿颯爽、神采飛揚，對我這年輕軍校生來說，簡直像是偶像一般，心中羨慕不已。

我當時心裡暗暗立了個志願：「有為者亦若是，將來，我也要像孫立人一樣！」真的，當個將軍，是當年我最大的夢想。

因為孫總司令想要修改訓練步兵的操典，就從軍校挑選了十二個學生來做示範動作，我是其中之一。近距離與孫總司令相處的過程中，我感覺孫將軍是非常務實且以身作則的長官，更增添了幾分仰慕，說他是我年輕時的 role model（標竿人物）絕不為過。

孫將軍曾去美國留學，我也很憧憬能到國外讀書，想方設法要出國深造。

我從陸軍官校畢業後，因為成績很好，一開始先留在學校當教育班長，負責帶二十八期的學生。在我們那個年代，軍職是非常辛苦的，白天跟學生一起操練，幾乎沒有空檔，我只能利用晚上八點到十點半這段就寢前的時間自修。

當時我跟其他六、七個教育班長合住一間宿舍，大家晚上不是在打橋牌，就是在下棋，只有我在苦讀。某個週日晚上，突然有人敲門，原來是負責管理學生營的鍾營長突然來訪視，他看寢室裡燈火通明，大家各自消磨時間，忍不住歎道：「電燈開這麼亮，你們卻只是在裡面玩樂，只有馬玉山一個人在唸書……」

這位鍾營長是我前期學長，是個非常好學的人，英文能力尤其出色，每次有外賓蒞校，他都負責做同步口譯，他甚至可以用英文闡述《大學》、《孫子兵法》、《三民主義》等書，語文造詣極佳，我內心一直很敬佩他。

他有點感慨地說，當年他唸書時，都是就著昏暗的豆油燈克難苦學，如今我們有了這麼方便明亮的電燈，卻不懂得好好利用，實在可惜。他語重心長地對大家說：「你們繼續這樣下去，十年後，你們跟馬玉山必然有極大差別。」

營長在門口講完這些話便走了，室友們一笑置之，不以為意，繼續打橋牌下棋聊天。但對我來說，鍾營長這番話卻深具激勵意義，更強化了我利用時間讀書的決心，我告訴自己一定要愛惜光陰與物資，力爭上游。

我做教育班長一年多以後，調到步兵學校當助教，之後才開始正式帶兵。連長做了兩年以後，我參加考試，爭取到去美國奧克拉荷馬州的砲兵飛彈學校訓練半年的機會。

我原本的初衷，是為了想追隨偶像孫立人將軍的腳步，才積極爭取出國受訓，但這一趟美國之行，帶給我許多預期以外的深刻衝擊，讓我大開眼界。

當時，台北市最高的房子是總統府，最有規模的建築是中華商場，中華商場才四層樓而已，就已經是台灣最發達的地方了；但我一到美國去，在舊金山下飛機，觸目所及都是高樓大廈，聯外橋梁則是三層結構的宏偉大橋，我們國內的公共建設，根本不能跟人家相提並論。

不只公共建設，一般百姓的物質生活也比台灣好太多。我到美國的第一天晚上，睡的是柔軟的席夢思床，慣睡木板床的我，從來沒有過這麼「奢華」的體驗。

在美國訓練時，聽聞他們的軍官的生涯規劃大多是：在軍中服務幾年後，就退伍去做自己的事。我才剛經歷許多國仇家恨，一心打算反攻大陸，聽到這種說法，心中還真是不以為然。做軍官的當然要盡忠報國，怎麼能滿腦子為自己打算？

我們現在的軍官可能也跟美國軍官一樣，只把軍人當做一種普通「職業」看待而已，但我們那個時代，很多軍人真的都懷有強烈使命感，真的是以國家興亡為己任的。

去了美國以後，我的求知慾比以前更強烈，我深信只有學習精進，才能為國家帶來改變。雖然也有些同學到了美國以後，覺得美國好，就跳機跑掉不見了，不想回台灣；可是我當時的想法是：我們跟人家落差這麼大，我們這些看過世面的人，一定要回國貢獻，加倍努力，想法子追上這個富足的國家才是。

我從美國回台灣以後，有去拜訪當年在寢室門口訓勉大家的鍾營長，他看到我來十分高興，直說：「我果然沒看走眼，我當初就知道，你將來必定有出息！」鍾營長的讚美，我不敢當，但我一直記著他說的那句話，那給我一個啟示：只要日復一日不斷投入，時日久了，就能累積可觀的實力。

紀律、使命感與領導學

雖然我後來沒有繼續做軍官，但軍校教育對我影響十分深遠，許多在軍校裡學到的觀念、知識，都讓我受用一生。

第一，軍校講究紀律與榮譽感，它讓我養成高度自我要求的習慣。第二，則是「使命感」，我們被教導要忠於國家、忠於領袖、忠於主義，要為國家民族奉獻，為了維護你所信仰的價值，你必需要誠信負責，勇於付上代價。我後來由軍轉公務員，爾後從商，仍不改這種嚴格責成自己使命必達的基本態度。

此外，軍校教育也教會我許多重要的管理及領導概念。我們一進官校，就被告知將來一畢業，就要開始當排長，帶三十個兵，兵要帶得好，軍官不但要以身作則，面對部屬，更要「做之君，做之師，做之親」。

「做之君」的意思是要懂得如何指揮部屬，「做之師」則是要懂得如何教導部屬，而「做之親」則是要懂得愛護部屬，如此才能帶人帶心。後來我開始學習一些企業管理的知識以後，發現管理部屬跟帶兵，許多觀念其實都是互通的，這些觀念，至今我仍非常認同且身體力行。

我當軍官的時候，要求很嚴格，但我真的也是以身作則、真心關懷部下的長官，因此，我帶的兵表現都很出色。記得在左營當連長期間，我們常做兩棲訓練，一共有九個連，經常分組比賽，我帶的部隊，很少有第二名，通常都是第一名。我一九六四年從軍中退役時，因為在部隊有不少記功、嘉獎，國家因此還多發了兩千元獎金給我。

當年，軍人的待遇其實是偏低的。我當連長時，月俸只有三百三十元，六十元是特別加給，我幾乎每個月都把這六十元拿出來，用以獎勵士兵或幫助病患，極少用在自己身上。雖然報酬微薄，可是因為當時滿腔抱負，並不覺得很苦，只覺得我的國家是充滿希望的，一定要好好奮鬥，富國強兵，反攻大陸！

人生路，始料未及

剛到台灣時，我們這些「外省人」都覺得，之後就要回大陸的，真的萬萬沒想到，原來離開青島的時候，「上了船，就是一生了」。

記得當年有一個同學解書田曾如此對我們說：「我看，我們就在台灣娶妻生子吧！」這位同學比我們年長，他在大陸家鄉已經有結髮妻子了，他當時這麼說，我們聞言都覺得這實在太不像話了，怎麼可以有這種想法？如今回想起來，或許這位解大哥早已徹悟歸鄉之路大不易，才會這麼說吧？

我原先一心想回山東，卻成了台灣女婿，在此落地生根；原先一心想做將軍的，卻因緣際會進了商界，成了企業家。

人生的際遇，實在始料未及。

第三章

卸下軍職，轉戰企業界

我的初衷很單純：
從客戶的立場出發，為他們著想，如此而已。
如果不能讓客戶滿意，
我們就拿不到佣金，
而要讓客戶滿意，
就必須滿足一些條件。
我所做的，
就是把這些條件跟可能問題通通都分析出來，
一一攻克。

年輕的時候，我立志要做一輩子軍人，並以「做將軍」為人生最高目標；沒想到，生涯卻來了個大轉彎。

雖說我現在做的工作，也是發號施令、運籌帷幄，但場域卻從我原先想像的部隊，變成了企業。

我做連長做了兩年以後，考取到美國砲兵飛彈學校受訓，回來以後，就到台南的陸軍砲兵學校去當教官，做了一年左右，砲兵學校校長張國疆將軍要調任到台北擔任警務處處長，他打算帶兩個平素賞識的人一同赴任，擔任他的助理，其中一個人是我。

他來找我提出邀約時，我不知道他是要當警務處處長，還以為是要當個軍長，這跟我想當將軍的生涯規劃是吻合的，我便先答應了；隔天看到報紙，說是要當處長，那是公務員，不是典型的軍職，我當時在軍中已經做到上尉，前途也算看好，實在不想換跑道，於是我就去找張校長，表明我不想去。

張校長不置可否，只是要我回去想一想。隔天，我又去找他，想婉拒這個邀約時，他再度打發我回去想一想。就這樣來來回回，到了第四次，他言簡意賅但不容轉圜對我說：「你這孩子不懂事。我明天早上九點就要去台北報到，你回去整理整理吧。」

之前長官沒把話說死，還有商量的餘地，但到了這一步，就是軍令如山，不容抗命了，我只好回去打包行李，跟張處長北上赴任。

軍職外調，從此告別軍旅

因為我滿腦子還是將軍夢，便與張處長商量，原來砲兵學校教官的缺，幫我保留一年，我只是借調到警務處一年，等張處長這邊安頓停當了，我就要回去砲兵學校服務。

我做張處長的機要助理，可以說是相當稱職。我事先把所有長官需要用的資料，都系統化整理妥當，並預先設想長官可能面臨的狀況，事先準備，跟處長匯報，讓他無後顧之憂，也因此，張處長十分器重我，我才做三個月，他便詢問我：「玉山，你乾脆就留下來，別回去了好不好？」

我的夢想是做將軍，怎能長期留下來？但又不好斷然拒絕長官，只好委婉回覆長官說讓我再考慮一下。

我在警務處任職期間，是住在張處長府上的，處長一家都很照顧我，處長見我一心想回軍隊，又讓他夫人來勸我：「玉山，你現在幫處長做事，做得很好，就像左右手一樣，你若離開，將來誰來幫他呢？」

長官器重，夫人又照顧，我當然心懷感激，但我心裡想做的是軍職，不是公務員，這些懇求，真是讓我好生為難。

隔了一段時間，張處長把我找去，說：「你現在幫我做事，但原來的位子卻還留在學校，等於是空占著個缺，這樣後面的人沒辦法升階啊。」

「處長，那您認為怎麼做比較好呢？」

「現在唯一的方式，就是軍職外調。」

依我的個性，也不願意空占著人家的缺，卡住別人的升遷管道，便答應了。申請軍職外調後，領回了三千兩百元的退役金，其中兩千元，是因為我在軍中表現優異，國家特別給的獎金，那是我從軍十年的全部報酬。

當時，我單純以為所謂的「軍職外調」只是暫時的，將來我還是可以回去軍中，所以才肯答應的。一直到後來，我才知道，軍職外調就等於是「退役」轉任文官了，當我領完那三千兩百元，就等於正式告別我的軍旅生涯了，但後悔已經來不及了。

我想，張處長也不是故意設計我的，他應該也單純以為，軍職外調只是一時，等到此處任務告一段落，就可以復職的，沒想到，這竟是一條不歸路。記得我到警務處服務滿一年時，我過去的老長官當上軍長，有一天來問我，願不願意當他的侍從官，我當然求之不得，但後來知道我已經申請軍職外調，他只能遺憾地對我說，若是如此，我恐怕再也回不去軍中了。

這是我生涯的轉捩點，因為我夢想的「將軍之路」已經徹底斷絕，我之後才會再去考大學，念工商管理，輾轉到企業界發展。

稱職的機要祕書

我就在警務處一共做了兩年，我做機要組長時，位置就坐在我老闆附近，平常的工作，就是負責幫長官過濾電話、安排他的行程，幫長官打點他公務上的需求。全省的中高階層警官都是我老闆的管轄範圍，我便把這些警官們的資料，都細心整理好，建立成鉅細靡遺的檔案，就連對方的家庭狀況、成員生日、子女在哪裡讀書，也都記錄在這份人事資料中。做為機要祕書，我常陪在老闆身邊，只要老闆某年某月某日跟某某長官見面、講了什麼話，我事後都會做好完備的紀錄，下一次若他們要碰面，我就會事先為長官做個簡報。

畢竟老闆忙碌，要應酬的人也多，未必能記得每次談話的內容，跟人家第一次見面，聊些粗淺的內容還好；若第二次、第三次見面，還在寒暄「府上有幾口人啊？」則未免有些失禮。但透過這份紀錄，下次老闆跟同一對象見面時，就可以立刻拉近距離。比如說，跟某分局長餐敘時，若能主動關心：「您母親今年高齡八十了吧，最近身體可好？」「去年跟你見面時，你兒子正要考大學，如今是哪兒的高材生啊？」雖然只是話話家常，但聽在耳裡，必然覺得這位長官真是關心部屬。

老闆如果要參加餐會，或是要拜訪某人，我則必須為他考量要帶什麼禮物去。在官場上，送禮可是一門學問，送貴重了不妥，送輕了則失禮，要拿捏得剛剛好，並要考慮到送禮的目的、場合跟對方的喜好，並不容易。

我當機要組長時，才二十八歲，哪裡懂得這些竅門？幸好夫人是官家小姐出身，官場上的學問，她懂得很多。一開始，都是夫人指導我該怎麼送，並教導我許多官場上應對進退的規矩跟禮儀，時間久了，我就知道該怎麼處理了。

我很感謝張處長夫人的指導，這些經營人脈、溝通處世的技巧，到現在我還是挺受用的。當然，我自己也下過不少工夫，我們這些長官的機要人員，彼此都是認識的，大家一起吃飯時，有時候他們會談到一些自家長官的習慣或喜好，我都會暗自在心裡記下，回去以後再記錄起來，供日後參考。

凡是跟張處長有關的公務，我幾乎每一件事都安排得有條不紊，或許因為如此，我老闆很依賴我。我住在他家裡，他經常在子女面前大力稱讚我：「你們都要跟馬組長學習。」我心中很感念他的器重，但也不禁想，我或許就是做得太周到了，所以才更難以「脫身」回部隊吧？

重拾書本學商管

三十歲那年，我老闆張處長調任到總統府，那個職務無法帶機要人員去，我只好留下來，之後被調到刑警大隊（即現在的中央刑事局）當主任祕書。公務機關的做事節奏比較緩慢，跟我講究效率與問題解決導向的個性差異頗大，我左思右想，覺得自己終究不適合這個環境，一定要另找出路。

既然已經不能回軍隊了，我得學點別的東西傍身。幾經考慮，決定報名參加大學夜間部聯考，成績很好，錄取的六百多人當中，我排二十多名，順利錄取淡江大學英文系。

我的英文底子原本就不錯，念英文系對我來說，並不吃力，原以為就這樣一路念英文系念到畢業了。但是有一天，我偶然在報上看到一篇諾貝爾獎得主楊振寧的演講稿，大意是說，許多留學生到美國都讀工程，這樣固然很好，但走進市場也是很重要的，要走進市場，就要懂管理……這個觀點讓我覺得大受啟發，我尋思，我讀英文系，只能讓我原本就不錯的英文變得更好，但語言只是一種工具，我必須要養成其他專業才對。

於是，第二年我就決定轉到工商管理系。夜間部一共要讀五年，當時還沒有週休二日，學校週一到週六都有課，從晚上六點半上到九點半，這五年期間，我就過著白天當公務員，晚上當學生的生活。因為還要兼顧工作，我上課時特別用心做筆記，以節省課後複習的時間，只要一有零碎時間，我就拿來唸書。

我過去受的是軍事教育，商管教育對我而言，是全新的領域，諸如經濟學、會計學、品管學、計量分析等，都是過去我不曾學過的知識，我學得很起勁。這些知識，也為我之後的經商之路，打下若干基礎。

完成終身大事

在這個階段，我也完成了我的終身大事。

我的妻子是個美麗、聰慧且獨立的女性，我們因為工作而相識，之後又一起去淡江讀書，交往幾年，彼此都覺得可以託付終身，遂想結為連理。

那個年代，還有很明顯的「本省」、「外省」區隔，我太太娘家是「本省人」，我則是大陸過來的「外省人」。在民國五〇年代時，大多數「本省人」都不希望把女兒嫁給一窮二白、家無恆產的「外省人」，可是我岳父岳母對我印象還不錯，覺得這人應該是個誠懇上進的好青年，同意了我們的婚事。這在那個時代氛圍下，並不是容易的事，我真的非常感激他們，有此膽識與眼光，願意把女兒交給我。

一九六六年年底，我們結婚了。婚後，公家配給了一間兩房一廳的十四坪宿舍給我們，我們在這間小房子住了好幾年。

十四坪的房子，小夫妻倆住，都算不得寬敞，後來我老大、老二出生以後，就更顯擁擠了。家裡的兩個房間，一間房拿來放東西，另一間房則是我們四口人的臥室，因為實在太小了，孩子們睡床上，我跟妻子則睡地上。我二女兒小時候曾天真地告訴幼稚園老師：「我們家晚上睡覺分『樓上樓下』，爸爸媽媽睡『樓下』，我跟姊姊則是睡『樓上』。」稚子無憂無慮，喜歡跟爸媽睡，一點也不覺得擠。回想那段時間，雖然日子不寬裕，但一家人倒也過得充實幸福。

內人很能幹，是典型旺夫益子的賢內助，雖然我們當時收入不多，但她都能有效運用，甚至還能夠有結餘。每個月，她都會把我們共同的薪水集中起來，根據不同的用途，分裝在不同的信封，比如說：菜錢、水電費、紅白包交際費、教育費、儲蓄、標會等，決定好用途，就確實執行預算控制計畫，絕對不允許透支。

除了理財，她也很懂得照顧、教育孩子，我後來轉戰商業界，工作非常忙碌，派駐岡山那段時間，甚至兩、三個月才能回家一次，但她都沒有任何怨言，一個人把家裡大小事整治得井井有條，因為有她在「大後方」支撐著，我才能夠完全無後顧之憂在外專心奮鬥。

因緣際會轉入企業界

我從淡江大學工商管理系畢業之後，一度想去美國深造。我認真去考了托福，也申請學校跟獎學金了，我太太都已經幫我把行李打包好，連到美國要去當洗碗工賺生活費的打工衣服也都裁縫好了，就等著八月份要出發。

此時，卻出現了一個很奇妙的機緣，讓我有機會轉戰企業界。

那一次，是韓國漢城（即現在的首爾）的警政機構長官要來台北訪問，此行要參訪兩個地點，一個是台北市警察局，另一個則是我的服務單位刑警大隊。因為我英文不錯，便被上頭派去負責簡報與接待工作。

那天中午，我們在嘉新水泥頂樓的藍天餐廳安排午宴請貴賓吃飯。我辦事向來謹慎，為避免任何變數，我很早就到餐廳預做準備，確認午宴流程、參加名單、餐點內容、座次安排等細節都正確無誤，這才放心。

一切細節都確認完，才上午十一點多，距離午宴還有一段時間，我便到嘉新大樓的二樓拜訪一位長輩劉彥樞先生。他是以前我老闆張處長的內弟，當時在嘉新水泥擔任嘉新水泥副董事長張東平先生的機要祕書，他見我來了，便把老闆介紹給我。後來，張東平先生的父親，也就是嘉新水泥的大家長張敏鈺董事長也進來了，他與我前老闆彼此也相熟，於是我們幾個人就聊了半個小時。

原本，我以為這只是一個偶然的插曲，沒想到，嘉新水泥兩位高層對我的印象極好，回去以後，張東平副董事長透過劉彥樞先生來詢問我是否有到企業界服務的意願，因為我已經準備好要出國念MBA（企管碩士）了，一開始便婉拒了。

但張東平先生並沒有死心，又託劉先生來說服我，說我出國念MBA，最終目的還不是要回商界服務，既然如此，何不現在就進企業界試身手？他的說法入情入理，但我學校都申請了，不禁十分猶豫。

又隔了一段時間，張東平先生正式請我吃飯。他說，他在美國取得學位後，做財務管理工作，根據他的經驗，除非我的目的要教書，否則在美國學商，最好還是要有企業實戰經驗比較好。他說他很欣賞我，嘉新水泥旗下有一家貿易公司，他願意提供該公司的經理職給我，希望我能考慮一下。

當時，台灣電子業發展方興未艾，這家貿易公司負責幫國外客戶在台灣找代工廠商，可是原本的經理做得不是很好，客戶不太滿意。剛好年底有兩位最重要的美國的大客戶要到台灣來，張東平先生希望我能負責接手。

我左思右想，我已經年過三十，過去的資歷不是在軍中，就是在公務體系，若希望能換跑道到企業界，這的確是一個千載難逢的機會；加上張東平先生極有誠意，不但自己親自出馬，事後更不斷委託劉先生來說服我，機會可貴加上盛情難卻，最後，我決定改變出國唸書的計畫。一九七二年，我正式從公務體系，轉戰企業界。

初試啼聲，一鳴驚人

我從未有過貿易相關經驗，背負著新東家的高度期待，壓力著實不小。

我琢磨著，客戶下單買貨，所著眼的不外乎是價格、品質以及交期。軍中教育告訴我，若要領兵打仗，最要緊的就是「知己知彼」，情報很重要。在客戶來台灣之前，我針對這三大條件，預做了詳細的沙盤推演。

首先，我得先抓出「價格」。我把該客戶在台灣採購的產品零組件通通拆解開來分析，一共有一百多個零組件，先弄清楚每一個零組件的成本是多少，再加上一定比例的製造成本管理費利潤，精準計算出合理的報價，若高於此價，價格競爭力就低了；若低於此價，則壓縮利潤且影響品質。

搞清楚成本與利潤空間以後，我便開始物色合適的生產商，跟生產商把產能、生產進度、品質管理、財務管理、後端物流、裝船交期等細節，一項一項都談清楚。因為當時所有貨物裝船後都由基隆港出口，我還特地確認了基隆港每週的船班、比較哪幾班的價格是比較實惠的。最後，把所有資訊全都白紙黑字整理編寫成詳細的英文表單。

十一月十五日，客戶從美國來了。寒暄過後，我對他們說：「請先給我二十分鐘，我為你們做個簡報。」接著我就把他們想要採購的商品的價格、生產、品管、物流、交期等細節一一做了清楚的說明。

聽完簡報，客戶似乎十分驚訝，半晌沒說話，我又補充說明：「當然，你可能會想要多殺一毛錢或兩毛錢，但是，我已經把所有價格都拆解詳列了，若再殺價，就可能會影響品質。你若不要計較這一毛錢成本，不但可以避免許多不必要的品質風險，還可以創造更多的利潤，這樣不是很划算嗎？」

兩位大客戶都是精明的猶太人，他們知道箇中的利害關係，也不想要砍得刀刀見骨因而影響品質，便同意了我的報價。

我做完簡報後，其中一位客戶忍不住問我：「Timothy，你以前是做什麼的啊？」我回答他，我以前是公務員，他們聽了全都露出難以置信的表情。

晚上，老闆張東平請客戶們吃飯，席間他們兩位對我讚譽有加，頻問老闆是去哪兒找到我這種人才的。老闆事後轉告他們對我的讚美，也忍不住好奇：「這兩個老外對你的印象也太好了，你們那天開會到底發生了什麼事？把你的簡報資料送一份給我參考。」

其實，我的初衷很單純：從客戶的立場出發，為他們著想，如此而已。

這道理其實不難懂：如果不能讓客戶滿意，我們就拿不到佣金，而要讓客戶滿意，就必須滿足一些條件，我所做的，就是把這些條件跟可能問題通通都分析出來，一一攻克而已。

確保生產進度

光是紙上談兵還不夠，為了確保萬無一失，生產上線前，我還特地派人去打探進度。我特地叮囑部屬，到了工廠，千萬不要直接找老闆問話，老闆為了保住生意，就算有問題，也會避重就輕美化說詞；若想聽實話，就要私下去問那些在第一線生產的人，問他們生產是否順利、工資是否都有如期拿到等，問過工人之後，再去詢問老闆不遲。雙方口徑若一致，就可以安心，若有差異，則要警惕。

為什麼要這麼麻煩地反覆確認呢？因為當時台灣經濟正在起飛，訂單如雪片般飛來，每間工廠都在搶工人，因為缺工，工資便不斷上漲。然而，很多中小企業創業主的口袋並不夠深，若一個周轉不靈，薪水就發不出來了；一旦發薪不穩，工人就有可能立刻跳槽到可以給他高薪的地方，如此就會耽誤出貨進度。

雖然我們當初給工廠的價格還不錯，但是為了保險起見，我還是不敢大意，每天都派部屬去確認生產狀況。當時不像現在這麼方便，透過電子郵件就可以即時跟客戶溝通，甚至還沒有傳真機這種工具，但我仍每天把出貨進度，透過TELEX電報傳給客戶，好安客戶的心。

因為這一役，讓我贏得了老闆與客戶的信任。這兩位大客戶，後來也跟我變成好朋友，之後的生意，甚至非找我不可。

我在這家電子貿易公司做了八個月以後，張東平副董事長便把我調到總公司旗下的岡山水泥廠擔任廠長。雖然我原來的工作已經安排了另一位黃副理接手，但因為這兩位美國客戶只相信我的簽名，甚至還揚言說，若馬先生被調走，不能負責他們的生意，他們就要終止跟我們的合作關係。

因為他們是占公司營收比重很大的重要客戶，怠慢不得，逼不得已，我只好暫時身兼二職，平時在岡山廠管理廠務，但貿易公司跟這兩位客戶有關的業務，仍由我親自處理。他們若來台北洽公，也是由我飛回台北接待，等他們離台，我才回岡山。

由於岡山廠已是十六年的老廠，亟需整頓重建，工作極其忙碌，實在無法繼續這樣兼任下去。最後，只好誠懇跟客戶溝通，說我會負責他們的生意，絕對不會有任何閃失，但一般例行公事，則請他們交給黃副理處理，溝通了好幾次，他們才勉為其難同意。

我三十多歲才成為企業界新兵，但被交付的任務，卻一個比一個艱難，經常是臨危授命的救火任務。

貿易公司這一仗並不好打，但比起改造岡山廠的任務，貿易公司這一役，只能算是牛刀小試而已。面對這座問題盤根錯節的老水泥廠，從未有過廠務經驗的我，到底該怎麼做，才能成功讓這座老廠脫胎換骨呢？

第四章

整頓老廠，重返榮耀

員工有好行為，
就應該要予以表揚，
如此便能激發大家的榮譽心，
而且讓節省成本變成每個人都願意努力去做的目標。
我常告訴員工，
你一定要先自信、自強，人家才會尊重你，
如此才能夠有對等的關係。

在貿易公司做了八個月，有一天，我的老闆執行副董張東平先生突然來找我，說現在岡山水泥廠的營運問題很嚴重，原本每天都應該要達到一千兩百噸產出，但現在卻只有八百噸。因為廠長管理不善，廠區員工人心浮動，勞資關係極為惡劣，甚至還發生過廠長上班時，有人等在門口朝廠長潑糞洩恨的事情。

張東平先生告訴我，嘉新水泥高層討論許久，結論是：「岡山廠的廠長，非換不可。」接著老闆又東拉西扯了一些跟工廠有關的事情，談了半天，終於說出他的真正來意：「玉山，你去接任廠長可不可以？」

其實老闆講到一半，我就猜到了他的意思，只是我對水泥生產完全沒有概念，便回答說：「可是我完全沒有廠務經驗。」

「沒有經驗有什麼要緊？」老闆倒是對我信心滿滿，說我之前也沒有貿易相關經驗，還不是做得有聲有色，他相信我一定可以成功改造岡山廠。

「是不是非去不可？」岡山廠問題叢生，我也不知道自己這樣一介經驗不豐的企業新兵能否勝任，心裡還是有些猶豫。

老闆對這個問題完全沒有迂迴解釋，馬上乾脆回答：「是，拜託你了！」

看來，老闆心意已決，就像是之前張處長要我調到警務處一般，這個「請託」，恐怕是一個不容討價還價的「命令」，我便問：「什麼時候要去？」

「後天一早動身。」老闆說。

雖然有些倉促，但我是軍人出身，對於這種臨時性的調度早已習慣，既然是個非執行不可的任務，就沉著以對吧。當天晚上，我回去跟我太太講，她素來支持我一切決定，完全沒有任何異議。於是到了後天早晨，我就真的跟著老闆張東平，帶著工務部經理，和一位總工程師南下了。

上午九點半，老闆召集來工會代表、員工代表等人，宣布從現在開始，由我馬某人來代理廠長。

從那一天開始，我花了整整三年的心血改造這個工廠。讓這個原本暮氣沉沉的老工廠重新上軌道，產量大幅增加，每天產量達到一千兩百噸；此外，還蓋了一座新廠，全廠年產能達到一百一十萬噸，是當時國內最大產能的水泥生產廠之一。

增產分利，振衰起弊

岡山廠是頗有歷史的老廠了，一共有四百名員工，大多數員工都非常資深。

我第一次進到廠區，就充分感受到士氣的低迷。國外有規模的工廠整潔乾淨，有些還綠美化得像花園一樣，但是老岡山廠卻十分髒亂，員工對環境、工安以及生產事務都無所用心，紀律問題十分嚴重。

雖然工會代表跟員工代表都不斷抱怨待遇很差，但如果每天只能生產八百噸，連基本目標都達不到，當然不可能發多少獎金，於是員工的怨氣又反映在工作態度上，每天就是得過且過，做一天和尚，敲一天鐘，形成惡性循環。

經過瞭解，我發現岡山廠並不是一開始就這麼糟糕，以前這座廠也曾有過風光的好日子。許多老員工都已經在工廠做了十八年，這些工人本來都是務農的，當年就是因為岡山廠在高雄縣的待遇不錯，才會棄農從工來這裡做事。這些老員工從青年一直做到壯年，等於人生的黃金歲月都花在這裡了，雖然現在工廠爛了，他們頗多怨言，但是也沒離職，我深信他們對工廠仍是有感情的，必然也懷念當年全盛時的榮景。

我的當務之急，就是重振士氣，激發他們的榮譽感跟責任心，讓員工們知道，我們是可以重返榮耀的。

第二天，我八點鐘一上班，便找主管們來開會討論。聽取完意見後，我馬上下達指令，要成立一個臨時性的組織「岡山廠革新小組」，由我主持，精選了七、八位營運幹部擔任核心委員一起參與，小組的共識就是：同心協力革新工廠。

上班時間，大家各就各位工作，下班吃完晚餐後，晚間七點到九點鐘，革新小組就坐下來開會，共同商討未來要改革的目標與綱要。我到任的第三天，就把所有問題整理出來，擬定了革新目標，我不要空洞的口號，要讓工人一看就懂，我的目標非常清楚，就是八個字：「增加生產，分享利潤」。

我把這八個字寫成斗大的標語，貼在打卡室裡，大家探頭探腦議論紛紛，等著看新廠長要變什麼把戲。

我要把產能恢復到設備原本設計的產量，也就是一千兩百噸。我接管岡山廠時，產量是八百噸，我希望超過一千兩百噸起，就開始提撥生產獎金，計算起來，只要每天都能夠順利穩定生產一千三百噸，工人每年都可以多拿兩個月薪資。除了生產獎金，因為工廠生產八百噸或一千四百噸，用的水電跟煤炭都是差不多的，若產量增加，公司因規模經濟降低的成本，也可折合成年終分紅讓工人分享。換句話說，生產效率愈高，工人的收入就愈好。

我花了不到一週的時間，就把這套「增產分利」的方案提報給老闆。當時工廠營運非常糟糕，不管我打算做什麼，老闆都全力支持，立刻批准。

為了對工人宣示管理階層的決心，我請老闆撥個時間南下到岡山來一趟。我借了鎮公所的大禮堂，把所有工人都集合起來，在老闆的見證下，把我這套增產分利的方案公開講清楚。

我告訴工人，如果工廠繼續像過去一樣低迷，大家就只能繼續忍受低薪；但相反的，若能有效增產到一千兩百噸以上，每個人不但平均可以增加兩個月的生產獎金，加上因成本降低的年終分紅，還可以再多領五個月薪資，等於是加薪七個月，這可是一個相當大的躍進。

過去岡山廠的獎金制度是按階級分的，先從廠長開始分，之後是副廠長、工程師等，就算有獎金，經過層層剝削，分到工人時早已所剩無幾，工人是實際上在生產線上付出勞力的人，當然會反彈。我的想法是，生產獎金原本就應該設計來鼓舞現場的人，我做廠長的，決定不拿一毛錢獎金跟他們爭利，其餘人包括副廠長等人，分獎金的比例，則比照現場人員。

在擬定新的遊戲規則前，我事先就已經跟工廠諸位幹部溝通過了，我這廠長都不拿任何獎金了，有誰還敢多說話？再說，如果工廠爛了，不管原來幹部可分得多少比例，大家還是沒錢可分，倒不如齊心協力把工廠搞好，上下一起共享利潤。

我在禮堂公布新的獎金制度以後，底下工人全都面露興奮神色，士氣大振。但是，這家老工廠有很嚴重的紀律問題，光有「胡蘿蔔」是不夠的，我也必須祭出「棍子」。

我告訴工人，從現在開始，工廠會有一個稽核小組，負責稽核大家的工作狀況。上班八小時裡，你必須專心致力於生產，若線上出現任何問題，必須立刻去分析，釐清是人為因素還是設備因素導致，儘速予以排除。若有散漫怠工或造成生產延誤，都會影響考績；而考績的好壞，將與獎金連動，大家絕不能存僥倖心理。

我相信人都是有榮譽感的，過去岡山廠曾風光一時，很多老員工十分懷念昔日榮景，我承諾工人，只要大家努力工作，我一定會帶他們重返榮耀。

這一天以後，整個工廠的工作氣氛丕變，渙散的軍心，總算是穩住了。

新人新政新氣象

公布政策隔天，我把生產目標和薪獎規則，全都白紙黑字清清楚楚寫在大字報上，並把每日產能更新也都寫在上頭，貼在打卡室裡，讓大家都看得見。

同時，我也要求主管們一早到工廠，就要先帶著工人清掃廠區。整潔的環境不僅比較衛生，也能降低發生工安意外的機率，工作氣氛也比較好。

我不希望給員工獨斷獨行的印象，做任何決策以前，都會在改革委員會裡先提出來溝通討論，如果大家沒有意見或其他更好的建議，就拍板定案。決策施行以後，就令出如山，不容討價還價，大家工作時有個標準可循，就不會無所適從。

新政策的效果立竿見影，才僅僅一週左右，不但廠區變得井井有條，生產狀況更是大有起色，之後兩個月內，產能從八百噸、九百噸、一千噸，漸次增至一千一百噸。

不過，第四個月開始，產量上升到一千一百噸時，卻陷入停滯，無法達到一千兩百噸產能。我仔細詳查原因，原來，過去岡山廠的管理太散漫，完全不做設備體檢，機器若有什麼小毛病、小故障，只要還能動，大家都坐視不管，不調整也不修理，就勉強湊合著繼續使用。

我知道癥結後直搖頭，嚴肅跟主管們說，這是不對的，生產設備就像是人體一樣，哪裡有病症就要趕快醫治痊癒；得過且過，機器狀況只會愈用愈差，到最後肯定會拖到生產，甚至可能出更大的亂子。

我跟大家說，想要有「大立」，就要先「大破」，雖然沒有生產就沒有獎金，但若不讓機器保持在最佳狀況，產能進步有限，而且也可能發生危險，得不償失，基於長遠考量，應該停機大修。但我也不是完全讓生產停擺，我們有兩套設備，我把其中一套先停下來進行大修，僅用另一套生產，兩個禮拜以後，再換另一套設備停機大修。

生產設備經過一個月的大整修以後，產能果然就順利衝上去了。

我從產量達到一千兩百噸開始提撥獎金，每天財務人員就把生產獎金以及每個人分配的數字，通通更新在這張大字報上。後來，因為每天都要重寫一大張紙，實在太麻煩了，我就訂做了一個很大的板子掛在打卡室，上面有表格，改用填寫的方式取代大字報。每天看著數字改變，工人們就覺得努力有獲得報償，工作起來當然振奮。

在這之後，我也建立了一套設備保養的標準作業流程，所有機器都該定期檢查、清潔、保養、上油，才能一直維持在最佳狀態。我們的產能不但順利達到一千兩百噸，甚至還有所提升，達到一千四百噸，最高紀錄甚至有一千五百噸。

我不是那種只會關在辦公室裡的主管，我信奉走動式管理，為了瞭解實際生產的狀況，我經常到第一線巡察。

我們工廠有兩個門，一個是正門，一個是側門。我常在夜間查勤，以鼓勵士氣，我每次都走側門進去，不許警衛通報廠長來了，這樣才能看到最真實的狀況。久而久之，員工們都知道新廠長會不時來做突擊檢查，自然不會怠忽職守。

帶人要帶心

在岡山廠那三年，我以廠為家，大概一、兩個月才能北上回自己家看老婆孩子，因為住在廠裡，晚上也很方便出來巡視，看看輪班同仁們的生產狀況。

夜裡加班很辛苦，工作到半夜肚子餓，工人們都習慣帶飯糰果腹，或是靠抽菸提神，我看了，覺得這樣不行，沒有足夠的營養，怎麼會有好的精神工作呢？

於是我便決定，要他們都不要自備食物了，統一由工廠供應宵夜，每天凌晨兩點鐘，每個來輪班的工人都可以領到一瓶牛奶、一顆滷蛋、一個包子或一個麵包。後來聽說許多工人捨不得吃，想偷偷藏起來，帶回家給孩子們吃，我便要求值班工程師關照工人們有沒有吃宵夜，吃完還要回收空牛奶瓶。

一九七三年時的台灣，勞工的地位不高，很少工廠願意花錢準備宵夜給輪班工人，但我認為，相較於工人要照顧的昂貴設備，宵夜的成本是極低的，花一點微小的成本，換取更大的保障，是完全值得的。再者，工人們是公司的一份子，為了公司奮鬥，公司照顧他們，也是應該的。我在軍中學到的一個帶兵心法，就是帶人要帶心，若長官不考慮下屬的權益，怎能讓下屬愛戴？

我接管岡山廠時是三十九歲，許多員工都比我年長，加上我過去並無管理工廠的經驗，剛到任時，我可以感受到，員工雖然表面上服從，內心對我這個新廠長的能耐，仍有點半信半疑。但第一年過去以後，工廠完全改觀，勞資和諧，生產完全上軌道，員工便完全歸心。

員工有幹勁，生產當然蒸蒸日上。記得有一年，工人們除了拿到兩個月的生產獎金以外，還領了十二個月的年終獎金，岡山廠有史以來，不曾有過這樣的紀錄。

員工心態的轉變

整個改造過程中，我覺得最令人感動的是員工們心態的轉變。

以前，員工怨氣沖天，對工作只是虛應故事，但是後來，我可以明顯感受到他們對工作的投入，以及希望公司更好的美意。

有一次，我遠遠就看到有兩個工人，在工廠後方，很吃力地把五十三加侖大的汽油桶倒置過來，底下還接了個大臉盆，不知道在做些什麼。我好奇走過去問他們，原來，汽油用完以後，桶子底可能還會殘積一些沒倒乾淨的汽油，多的話，可能還會有百分之五的油殘留在桶子裡，工人們想把這些油蒐集起來再投入生產。他們說：「報告廠長，你對我們很好，你告訴我們要節省成本，所以我們不想浪費這些油。」

我聽了真的很感動，那是麻煩的力氣活兒，他們根本沒義務這麼做，但他們卻主動幫公司撙節成本。有這麼願為公司著想的工人，過去的廠長怎麼帶不好呢？

那個月，我便提名他們兩位成為當月模範員工，在會議上公開表揚他們。以前，員工們做錯了沒人糾正，做對了又沒人表揚，大家當然對工作績效毫不看重，反正積極做也是一天，混日子也是一天，何必這麼費心度日？但我覺得這個便宜行事的文化絕不可取，員工有好行為，就應該要予以表揚，如此便能激發大家的榮譽心，而且讓節省成本變成每個人都願意努力去做的目標。

後來，我更召集主管，分成好幾個成本中心，一個個都要做報表，工廠每個月開一次成本績效檢討會，檢視各成本中心這個月的表現。因為競賽的心理使然，大家都不願墊底，都會用心撙節成本。一段時間後，把報表攤開來看，很明顯可以看到，單位成本一直往下走，但與此同時，獲利又不斷增加，對員工來說，是很有成就感的。

我深信，每個人都有潛力把工作做好，只是需要一些激勵與指導，而這正是管理者的責任。

建立人才制度

等到生產與士氣都穩下來後，改革委員會的階段性任務已經完成，功成身退。但我們並沒有停止溝通精進，取而代之的是評價委員會與品質委員會。

岡山廠這座十八年的老廠，原先根本沒有人事考核制度，當然也沒有明確的升遷制度，既然現在生產已經穩住，我便開始考慮「人才」問題，只有建立良好的徵選及晉升制度，如此才能繼續維持優勢。

二次世界大戰戰後的日本首相吉田茂是一個非常注重人才培養的政治家，有「吉田學校」之稱。他卸任時，記者採訪他提問：「請問首相，任內最得意的建設是什麼？」吉田茂回答：「我最得意的建設，就是培養了日本上百位的大臣，包括二十年的首相在內。」從歷史上來看，他所培養的人才，的確帶領日本從戰後的頹敗迅速走向復興。我期許我做為一個專業經理人，也能夠有這種遠見，能夠為岡山廠培養未來十年、二十年的專業人才。

我希望能夠把每一項工作需要具備的職能為何，以及每一個職位的要求為何，都能夠清楚定位出來。想要做出這些定位，就要有明確的人事評價制度。我請了兩家顧問公司來做簡報，可是，聽完卻覺得他們提出的方案，並不能完全符合岡山廠的需求，最讓我不解的是，顧問公司說，此制度居然要花半年才能夠建立完成。

岡山廠急需一套人事評價制度，遠水哪能救得了近火？我提出質疑，其中一家顧問公司負責人送了我一本關於人力評價與組織提升的書，語重心長說：「馬廠長，我送你這本書，你讀了就明白為什麼我們要花這麼多時間了。」

我把這本書從頭到尾鉅細靡遺讀了好幾次，還是不太認同顧問公司要做半年的看法。我預估，如果按照這一套，我自己認真來做的話，說不定只要花兩個月就能做完。

我觀察，岡山廠的人力有點老化，且素質比較不足，少數工程師以及許多領班，都只有小學畢業，我覺得應該要引進一部分學有專精的新血。於是，我招考了十六位菁英進廠，我很幸運，那一年工作不是太好找，加上嘉新水泥是間大公司，所以很快就招募到許多一流人才。他們多半是國立大學畢業的，主要是成大的學生，也有台大的，如果是專科畢業的，則來自台北工專和高雄工專這些根柢扎實的老牌學校。

我從中選了五個特別優秀的同仁，又選了三個經驗很豐富的老員工，組成一個評價委員會。比照改革委員會，評價委員會也是晚上開會，我們花了整整一個月時間，把工廠裡所需人才的職能架構釐清，做了很大一張表，每一個職務需要什麼知識、技能都寫得明明白白。

此外，也把升遷的規則建立起來。以前岡山廠人員晉升，主要是因為年資，很多當領班的人，不見得是因為他工作績效特好，或是領導能力特強，而是因為夠資深，或是只是因為他「人很好」。我認為工作場合不能這樣和稀泥，一個員工之所以能夠得到晉升，必然要與績效和能力連動。

我並非學歷主義者，但是工程師只有小學或國中畢業，連機器設備的英文也看不懂，也不瞭解機器運作的原理，這是很有問題的。以前的既成事實，我就不追究了，但是之後若想要晉升，就非得具備一定的學歷與能力不可，我鼓勵他們去念夜專或大學夜間部進修，工廠可以補貼學費，但如果念不來的，那最多就只能做到領班，不能升為工程師或科長。

這個新的人事制度，只花了兩個月不到，就在廠裡公布實施，這是岡山廠正式邁向現代化跟制度化的開始。

革新動能必須持續

魔鬼藏在細節中，我擔心有些問題是隱而未顯的，可能老員工習以為常，我這個廠長也未必意識得到，雖然改革委員會已經解散，但我仍希望組織能夠繼續維持革新的動能。

我要求新進的年輕工程師擔任值班工程師時，事無大小，每天都要提出一件應該改革的事項，機器是三班制的，也就是說，一天至少會提出三個改革事項。這些革新建議，如果狀況普通，我就命人去查，若情節重大，我就會找主管來問。有些情形的確應該修正，但也有許多情況，只是因為年輕工程師經驗還不夠，才會把正常狀況判斷成問題。

我要求員工這麼做，目的倒不是要互相盯梢糾錯，而是希望防微杜漸，讓全體員工都能重視細節，同時，也讓新人能夠快速學習。

四百多人的組織，也不能算小，我也擔心各項會議中得出的各樣改進結論，未能有效貫徹，最後雷聲大雨點小，不了了之。過去工廠的領班，多是因為與人為善，所以做領班，與人為善固然好，但過分親暱易生侮慢，如此會影響到團隊的考核與指揮。我要求領班要站出來，不要整天跟工人們攪和在一起，如此才能建立領班主管應有的威信。

每天換班的時候，領班要提早半小時來，把前一班機器運轉的情況與問題都釐清，等到工人來了，領班要給他們訓話，總結上一班有出現的問題，或是保養不夠到位的地方。更重要的是，要把我在品質會議中交辦的事情傳達下去，確保核心決策都能傳到末稍。

我查勤時，碰到工人都會問他們：「你知不知道廠長最近在品質委員會裡，有講到一件很重要的事是什麼？」

如果對方一問三不知，我就會把科長找來，要他回去轉達他的領班，有工人不瞭解公司方針，請領班務必傳達，如果下一次還這樣，就要注意了。用不了多久，工廠上下都很清楚目標何在，能夠穩定維持高品質、高效率的產出，並把工作瑕疵降到最低。

一家人般的情感

接下來，我還改革了制服。本來岡山廠工人制服和職員制服不同，但我把工人制服也提升到跟職員服裝一樣。在這個階段，公司已經完全脫胎換骨了，變成一家高產能、有制度的台灣最好水泥廠，員工們都覺得穿這間工廠的制服，是很有面子的。很多員工去參加重要的活動，像是親友結婚或是大拜拜，都願意穿工廠的制服出席，可見得他們心裡是很隆重看待這套服裝的。

有一回，南部有個很難得的大拜拜，邀請我去參加，我到場後，看到所有工人都穿著制服去了，心中實在感動。對他們而言，那是個重要的盛會，可見得我們廠的員工，是真的以工廠為榮的。

工廠賺了錢，我也不吝惜犒賞員工。我們每年都會開年會，性質有一點類似現在的尾牙，除了吃飯，也會宣布明年的年度目標及重要革新事項。有一年年會，我選在高雄圓山飯店舉行，我在台上告訴大家：「我們大老闆張敏鈺董事長來高雄視察時，都住在圓山飯店，你們大家今天除了住以外，吃的喝的就跟董事長一樣！」話說完，底下歡聲雷動。

在那個年代，有經濟能力到大飯店去吃飯的人，終屬少數，工人們都非常興奮，感覺像是來開眼界、見世面，有個工人告訴我：「報告廠長！要不是你請我們來圓山吃飯，我一輩子也不敢想啊。」看大家開懷同樂的模樣，我心中無比安慰。

我派駐高雄那三年，實在太忙了，回台北家的次數很少。這段期間，我妻小還搬了家，因為我分身乏術，於是從看房子、買房子到搬家，都交給我內人全權處理。某次我回台北，不知道她跟孩子到底搬哪兒去了，只好打電話問我內人新家地址，她還揶揄我：「看看我們家來了一個新客人哪。」

因為以廠為家，我跟同仁相處的時間很長。白天一起工作，晚上則跟公司的幹部、工程師同住在公司宿舍，住宿舍的員工包含家眷大概有三十戶人家，大家輪流買菜做飯，彼此的情誼，早已不只是同事而已，甚至也不只是同甘共苦的革命戰友而已，而是有如親人一般了。

員工們把我當大家長看待，不僅在工作上愛戴、信賴我，就連生活上，也很信任我的仲裁。我還記得，有一天夜裡我到工廠巡邏，看到有個工人精神很萎靡，我問他：「你工作上有什麼問題嗎？」工人回答：「報告廠長，工作沒有問題！」我又問：「那是家裡有什麼問題嗎？」他先是欲言又止，後來說了：「報告廠長，不瞞你說，我有兩個老婆，都各自有孩子，兩個人天天為錢吵架，覺得我給生活費不公，鬧得我不能好好睡覺。」

我不過問員工的家庭生活，但影響到工作就不好。我要他找一天，把兩位太太都帶到我辦公室來，這兩位女士果然處得不好，就連當著我的面，也吵得不可開交。我給這三人出個辦法，我對這工人說：「以後你每個月薪水，均分成兩份，大太太一份，二太太一份，兩人發薪日就去找出納領，拿走後簽字證明。」這工人一聽要跳腳：「報告廠長，那我怎麼辦？這樣我連理髮錢都沒有了！」我說：「你不用急，所有生產獎金歸你拿，你愈努力，能拿的就愈多。」三個人覺得這個法子還算公允，從此天下太平。

那些年，大夥兒真的情同一家人。我真心希望，我能改善他們的工作待遇與工作環境，讓他們生活過得更安穩，覺得真是進對了一家好公司。

我深知自己不會一直留在岡山廠，這只是我的階段性任務，所以我才更迫切培育人才，期盼能夠為岡山廠儲備更多優秀幹部，甚至能養成未來的廠長人才，讓工廠的榮景可以延續。

篳路藍縷　建立新廠

那三年光陰，我不只是改造了一個老工廠，同時還建立了一個全新的工廠。

張敏鈺董事長本來就想建新廠，只是過去苦於找不到合適的人才，只好先把計畫擱置。我接任岡山廠廠長後，除了改造老廠，還有一個重要任務，就是興建新廠。

新廠廠址是跟台糖交換來的土地，設備則是跟美國、英國和德國購買。為了讓新廠能順利運作，我把先前招募的十六個新進工程師，先分發到老廠各個部門，熟悉生產流程，之前要求他們輪值時必須提出改革建議，也是為了興建新廠時能夠派上用場。

這十六位工程師都很年輕，多數才剛退伍，對他們來說，要興建一座新水泥廠，是很重大的挑戰。

我告訴工程師們，說你們已經在公司貢獻了一段時間，對於老生產線的優缺點都瞭若指掌，老廠還有哪些地方可以改善，你們也都有了腹案，現在是你們可以大展身手的時候了。

嘉新水泥為了這座新廠，打算要投下十億元台幣，一九七三年時，十億元台幣的投資，可是個天文數字，尤其在南部，除了中鋼，大概沒有更大的投資案了。我問他們：「你們不妨好好想一想，你們這一生中，有幾次機會可以參與十億元台幣的投資案？更何況是在這麼年輕的時候？」

我鼓勵他們要好好把握這千載難逢的機會，學以致用。這群工程師都是聰明且有抱負的年輕人，個個摩拳擦掌，積極投入。

岡山廠跟國外大廠買設備，母公司都會派兩個工廠師駐廠做技術移轉。台灣人常犯一個通病，就是看外國人彷彿高三等，因此互動時關係就傾斜了，對方的姿態自然就比較高，有些甚至會輕視台灣的工程師。

新廠剛開始組織起來時，美國機器設備供應商（FULLER Co.）派人來參觀工廠，說要我們工廠遴選優秀工程師團隊去美國參觀上課學習，於是我就派了個團隊去。沒想到這批老美居心不良，把我們的人弄到一間辦公室裡，他們一進來，也不上課，就丟了幾本《花花公子》（*Playboy*）雜誌到桌上給他們「開洋葷」。工程師回來告訴我，我聽了火冒三丈，我們花錢跟他們公司買設備，請他們派人讓我們學習，結果卻如此受辱？

因為這個約是老闆簽的，我不能越級處理，只好報告老闆，請老闆處理。我是民族自尊心很強的人，絕不能忍受這種事情再度發生，但若無法證明自己的實力，就很難贏得尊嚴。

根據工廠生產設備安裝的附屬條約，美國機器設備供應商應派技術人員駐廠協助指導我們的工程師。我深知我親自挑選、訓練的這些部屬們，都是很有能力的人，只是還不夠自信，因此特別囑咐他們：「你們不要忘記，你們是最優秀的一群，不要凡事倚賴他人。如果有不瞭解的問題，不要馬上就去問老外，你們要先組一個小組去討論研究，討論到最後，實在沒辦法解決，你才去求助。」

這些年輕人都很有志氣，加上之前在老廠時「找問題」的訓練，他們學習速度很快，他們提出的問題，就連老外工程師也常被考倒。當時又沒有網路，老外工程師就打電話跟母公司討論，越洋電話一講就講一、兩個小時，還無法得出具體結論，實在很浪費成本。我後來跟這些老外吃飯時，就跟他們說，我們工程師提出的問題，如果沒有辦法即刻回覆，請一定要整理成文件，大家一起把脈絡研究清楚再打電話。

經過一段時間，這些老外工程師都對我們的工程師刮目相看，他們跟我們之間的關係，不再是老師對學生這種「上對下」的從屬關係，而是平起平坐、合作共事的團隊了。

除了裝載設備，在建立索道的過程中，我也讓外國人充分瞭解到，我馬某人絕不退讓的性格。我當廠長半年左右，就開始建索道，也就是運生產水泥原料砂石的纜車。過去從礦區運石灰石到工廠，全程大概有六公里，每天都要靠車子運輸，麻煩且成本較高，建一條索道，比較有效率。

索道建好試運轉當天，我到現場視察，時間已經是傍晚，還沒有帶貨運轉過，同行的英國工程師半開玩笑地說：「Timothy，你要不要跟我一起上去試一試？」我面不改色應允，跟他一起搭上運石頭的纜車車斗，在索道上運行，可是走了約兩公里左右，突然卡住了。那時候，天色已經暗下來了，工廠裡員工等不到我們，開始慌張，生怕廠長不知道在哪裡摔死了，到處開車去找。

我們卡住的地方，剛好是索道轉向站（angle station），那裡有很多鐵架、機器設備等，英國工程師問我該怎麼辦？我很淡定地說，那就攀著鐵架爬下去吧。那個索道轉向站距離地面大概有三、四十公尺，所幸我們都不懼高，順利地爬了下來，不一會兒，就看到遠方有車燈閃爍，是出來找人的工廠員工，看到我們平安，他們總算鬆了一口氣。

晚上吃飯時，英國工程師告訴我，他那個提議原只是一句戲言，沒想到我真的敢上纜車，我上去以後，他逼不得已，也只好硬著頭皮跟我上去。這件事過後，他們對我更是另眼看待，因為這個廠長不怕冒險，遇到事情也不慌，是個可敬的客戶。

我常告訴我的員工，你一定要先自信、自強，人家才會尊重你，如此才能夠有對等的關係。我在岡山廠帶的這批員工，後來都成為優秀的種子部隊，若干年後嘉新要到中國大陸設廠，不少人才都來自這批老班底。

口碑響亮的岡山廠經驗

一般來說，新廠至少要花半年時間才能開始正常生產，但我們僅花三個月，就可以順利量產了，並為公司取得五年減免稅捐獎勵。當時有另一家友廠，跟我們差不多時間添購這種設備，我們買的是六十萬噸的機器，他們買的則是五十萬噸的，破土開工又比我們早半年，按理說應該要比我們早運轉才對，可是我們都開始生產了，他們卻遲遲無法正常運轉，而且最後竟然就倒掉了。但我們拜岡山這兩座水泥廠之賜，在後來水泥缺貨時，幫公司賺了很多錢。

工廠順利運轉以後，當初賣我們設備的公司邀請我們團隊去美國，這次一改先前的輕慢，禮遇之至，完全把我們奉為上賓。總公司說他們這一批共賣了四套設備，台灣買了兩套，可是這四套設備中，只有嘉新水泥是成功的，他們希望我們能夠把這個經驗傳承給他們。

不止美國設備廠，我每次參加同業間的聚會，他們都對我們的績效讚譽有加；不少同業高層也很好奇，為何我這個沒有相關經驗的新廠長，能夠讓岡山廠起死回生？到底是怎麼做到的？

有一個同業，甚至不惜派商業間諜到岡山廠來「臥底」學習。我接管岡山廠一年多左右，有一個同業的工程師，跑到我這裡來毛遂自薦，他是成大化工系畢業的，經驗又豐富，我面試後，覺得這個人很優秀，是個人才，就錄用了他。

這個人的確是個很認真積極的員工，非常用心學習，跟同仁相處得也很好，可是一年後，他突然閃電提出辭呈，大家都覺得詫異，他在這裡做得好端端的，為何突然離職？結果一週後，發現他竟然又回到他以前東家那裡，後來才知道，他是個商業間諜，他本來就是那家公司的核心員工，深獲他們老闆賞識，所以才被派到我們這兒「臥底」，想知道我們的know how為何。

當年又沒有競業禁止條款，我們也拿他沒辦法，但我並不怎麼擔心。改革的成敗，與主事者的決心和領導能力連動，加上每個組織的文化都不一樣，就算這個工程師偷學了我工廠表面上的運作方式，也未必能在其他地方成功複製。

因為岡山廠成功脫胎換骨，還讓我與「經營之神」王永慶先生結緣。

當時《經濟日報》有個記者李紀台先生，因為長期跑嘉新水泥的新聞，跟我變成好朋友。我被調回台北總公司擔任副總經理以後，有一天，他問我想不想會一會王永慶先生，我久仰王董事長大名，當然滿口說好。

在李紀台先生安排之下，我去拜訪了王永慶先生。他是日理萬機的大忙人，原本只安排要跟我談二十分鐘，結果兩人談起工廠的管理，愈談愈投機，竟談了一、兩個小時。我跟他分享我管理岡山廠的經驗，他聽了拍了一下大腿，豪邁地說：

「對！這樣就對了，哪天你來給我們廠長上上課！」

在岡山廠那段時間，我投注了無數時間、心力與感情，能夠獲得王永慶董事長肯定，我內心既感動又安慰。

我在工廠三年，除了之前說的那個商業間諜，只有一個員工因為家務事難以解決而離職。他臨走時來跟我辭行，痛哭流涕說：「廠長，我真捨不得走，要不是家裡有事情，我實在不願意走啊。」他有感而發說：「以後嘉新水泥恐怕很難找到像你這樣的廠長了。」情辭懇切，聽得我也忍不住心酸，對我來說，岡山廠每一個員工都是有革命情感的好夥伴，我跟他一樣捨不得。

我們廠裡的同仁，跟我感情極為親厚。我們在蓋新廠時，只要有一些重要工程，像是開工、破土、上梁等關鍵環節，工廠裡都會拜拜祈求順利平安，我都會指定當月績優同仁擔任主拜官，鼓舞士氣。有一次拜拜之後，有個同仁跟我閒聊：「廠長，你知不知道，我們拜拜時，除了要神明保佑工程平安，也會祈求廠長可以趕快得一個兒子！」

我聽了忍不住失笑：「你在開玩笑吧？」他一本正經地說：「不是，是真的啊！我們真心希望菩薩保佑廠長能夠有兒子。」我當時已經有兩個女兒，那個年代的觀念，生兒子傳香火是一件很要緊的事，工人們若不是真的關心愛戴我，也不會這麼熱切為我祈求，那份心意，我深深感激。而且說來也奇妙，一九七六年我離開工廠前，還真的生了小兒志綱。

記得要離開工廠，調回總公司的那一天，許多工程師、工人和他們的眷屬特別來送我一程，大家給了我許多祝福，依依不捨淚眼相送。回想這三年來的點點滴滴，我也幾度哽咽。

改造岡山廠，是我生涯中很獨特、也很難忘的一段。我很感謝嘉新水泥當時的董事長張敏鈺先生以及副董事長張東平先生的信任，大膽起用我這個企業新兵，讓我能夠獲得歷練的機會。

我在岡山廠服務這三年，固然篳路藍縷非常辛苦，但對我而言，也是極其美好且關鍵的一仗。這一仗不僅更強化了我闖蕩企業界的信心，也讓我累積了珍貴的生產、品管、財務管理、成本控制、人才培養、工業工程等實戰經驗，為我之後的工作，無論是做專業經理人或者是自行創業，奠下了非常扎實的基礎。

第五章

公事國事，責無旁貸

不管銷售什麼產品，
我都抱持同樣的理念：
客戶購買我們的產品，
我們理應提供他最好的服務。
國家在風雨飄搖時，
愈是有能力的人，
愈不能慌張棄船；
相反地，
應該要挺身而出，
共體時艱才對。

因為我在岡山廠的績效頗卓著，張敏鈺董事長以及張東平副董事長覺得我在其他領域應該也能有所發揮，於是，一九七六年，把我從高雄調回台北，破格直升為副總經理，負責業務單位。

過去嘉新水泥從廠長升遷，都是從經理開始做起，從來沒有跳躍拔擢至副總的先例，我是第一個。

我很感謝張敏鈺董事長跟張東平副董事長的賞識。一個人再有抱負和能力，若沒有人給予機會，也無用武之地，他們肯給我機會，我深深感念，也告訴自己，絕對不可辜負他們的倚重。

自行開發銷售管道

廠務管理跟業務管理，是完全不一樣的學問。

水泥這個產業，對景氣波動極其敏感，只要供需稍微失衡，市場馬上就大地震。水泥走的是經銷制度，景氣一下滑，經銷商為了保持利潤，馬上就來跟水泥公司砍價。一九七六年前後，有一段時間非常不景氣，水泥供過於求，張董事長跟張副董事長都希望我能夠守住價格，避免行情下跌得太嚴重。

但若要堅守價格底線，銷售量恐怕就會降得更低，這還真是一個dilemma（兩難）。

因為之前曾在電子貿易公司做過一段時間，我對業務有一些想法。我認為，若業務完全只依賴經銷商這個單一的銷售管道，在景氣蕭條時，就會有價格破壞的風險，如果我們希望能維持價量的平衡，是不是除了經銷商以外，也能自行開發銷售管道？

不景氣時，市場緊縮，經銷商不願多買，我們若能成立一個自售單位，由工廠直接賣給客戶，一來，中間不會被賺差價，二來，也不必受經銷商箝制，被砍價砍得無利可圖。

畢竟自售需要照顧的細節很多，在景氣好時，水泥廠沒有必要自售，但在景氣差時，不失為一個止血的權宜之計。

因為只是不景氣時的應變策略，當然不能傷害到原本經銷商的利益。我跟經銷商溝通，原來應給的利潤，我照常給他們，而我們自銷的價格，也不會賣得比他們低，如此經銷商才不會反彈。

更重要的是，我們也不是要掃盡所有客戶，只有政府或大型企業之類的客戶，才由總公司親自去銷售，銷售比例大概只有占總體銷量的百分之十五到二十。

首開水泥業售後服務先例

在市場情況不好的時候，客戶出手都很猶豫，若想讓客戶買單，就必須凸顯產品的「品牌價值」，於是，我做了一個水泥業從未有過的創舉：售後服務。

當時，生產已經穩下來了，水泥廠自動化程度相當高，所需人力不必太多，我便從工廠派出工程師，到大客戶那裡做售後服務。對客戶來說，會覺得備受重視，提高對我們專業的信任度；而對這些工程師來說，離開生產端，去聽聽客戶端的聲音，也是一種很好的學習。

台灣水泥業的龍頭是台泥，第二名是亞泥，嘉新比他們的規模小很多，但即使是他們，當年也還沒有做過售後服務，我們算是這個產業的先行者。

至於「售後服務」做的是什麼呢？對水泥業來說，就是教導客戶最佳的使用方式。

現在營建業用的多半是預拌混凝土，已經把不同比例的水泥、砂石等混合好，送到工地使用，但民國六十幾年時，市場上很少用混凝土預拌產品，客戶請的工人也是土法煉鋼，沙子、水泥、石頭的百分比不見得能掌握得很精準。因為我做過廠長，我知道廠裡面哪些人對這些知識很內行，便派這些工程師去客戶端教他們怎麼調配比例。

除了提供比例混合的建議，工程師也會到現場去協助客戶。比方說，營造廠施工現場，板模做好後就開始灌水泥，按照正規程序，應該要十二天後才會拆板模，可是建商經常要趕時間，很多工人七、八天就拆板模了，售後服務人員就會跟客戶溝通，為了安全起見，最好使用兩套板模，一套去安定結構，十二天再去拆，另一套就可先拆掉搶時間繼續做。雖說多一套板模會增加一點成本，但對大客戶來說，多花一點成本，讓他可以搶時間又兼顧品質與安全，普遍都是願意的。

這個「售後服務」的策略，效果還不錯，那些大客戶見我們親自去做服務，對我們的信賴感提升不少，回饋都很好。不管銷售什麼產品，混凝土也好，或是我現在做的建築也好，我都抱持同樣的理念：客戶購買我們的產品，我們理應提供他最好的服務。

我擔任副總經理期間，有段時間景氣很低迷，在非常時期，小輸就是贏。按理說，那段時間，我們的銷售應該會下滑很多，但配合直接銷售與售後服務，銷量算是穩住了，出貨量並未受到太大衝擊。而這個措施也是彈性的，待景氣回轉，我們還是回歸原來的銷售網絡，避免讓經銷商覺得我們在與他爭利。

積勞成疾

公司業務很多，我從岡山廠空降回總公司擔任副總經理，必須快速進入狀況，瞭解各部門執掌與問題，我內心壓力頗大；加上我對自己期許極高，希望能夠有一番作為，不負老闆期望，有整整一年時間，我幾乎完全沒有休假，連週日都在工作，忙碌過度的結果，就是積勞成疾。

一開始，我還沒有意識到身體出了大毛病，只是經常覺得體力不支。我家當時住四樓，我經常爬到二樓就覺得氣喘吁吁、心臟無力，從一樓爬到四樓家門口，得停個兩、三次才能走完。當時我的辦公室在二樓，因為樓高挑高，我也得停個兩次才能走上去。

雖然覺得不對勁，但因為公務忙碌，我一直把這件事擱著，後來，開始出現血便問題，我才去中華開放醫院做檢查。我的主治大夫是胃腸科名醫羅光瑞醫師，他後來還做到榮民總醫院院長。做完檢查，他便「勒令」我得立刻住院，他很詫異地說：「馬先生，你怎麼會拖到現在才來看醫生呢？人全身上下約有五千西西血液，你只剩下兩千西西左右了，你這情況，隨時可能會休克啊！」

原來，我嚴重胃出血，造成失血太多，才會經常覺得血都打不上來，心臟無力。因為潰瘍破洞出血的地方，剛好在神經比較不敏感的部位，所以我並不感覺疼痛，才會任憑血液不斷流失，弄到這步田地才就醫。

羅光瑞醫師知道我因為工作太過投入，導致胃出血還渾然不知，又好氣又好笑，戲說：「馬先生，我看你將來要面試新人時，一定要問他：『你有沒有胃病啊？』有的話，就趕緊錄取他，這種完美主義者，肯定是好員工。」

這次住院，整整住了三個星期，羅醫師才肯放人，出院前他還不忘跟我開玩笑：「馬先生，我們可以『結案』了，你終於可以回家了。」

這次住院，讓我體悟到健康的重要，若沒有健康，拿什麼條件去拚事業？從此以後，我就比較注意身體狀況，加上太太的細心照顧，之後一直沒出什麼大礙。

國家巨變，彰顯大節

回台北總公司擔任副總期間，我印象最深刻的一件事，就是在國家遭逢巨大挑戰時，我做了一個很關鍵的決定。

當時，我除了要管業務，也被交辦要負責再興建一座新廠。張董事長要求我全權負責新廠的規劃設計、跟政府登記申請的手續以及外部交涉事務等。當時，因為水泥廠已經相當飽和，經營者很多了，政府並不是很支持水泥公司再擴建新廠，在交涉的過程中，遇到非常多的攔阻。

正在焦頭爛額時，又遇到一件非常重大的國際變故。一九七八年十二月十六日，美國宣布與我國斷交、廢約，且自台灣撤軍。美國宣布跟我們斷交的時間，大概是台灣時間下午三點鐘，我當時正在經濟部開會，一聽說斷交，眾人譁然，會議草草結束，大家各自惶然散去。

這是中華民國繼退出聯合國之後，又一次重大的外交挫折，對內政也將造成極大衝擊。可以想像，不少企業主都開始動搖，覺得此地不宜久留，而全國百姓也人心惶惶。

宣布斷交的第二天一大早，張東平副董事長打了通電話給我，開頭先寒暄：「玉山，你吃過早飯沒？」我回答他：「吃過了。」他問我：「你能不能先到我家裡來一趟？」

我連忙搭計程車到董事長府上，途中我暗忖，他們一定有很重要的事情找我商量，才會這麼慎重其事，非得要到家裡談不可，想來應該跟斷交一事有關。

我一進門，張董事長與家人們都坐在客廳，氣氛很凝重，大家都沉著臉不說話。張敏鈺董事長見我來了，便要我坐到他對面，等我坐定後，他問我：「玉山，現在國際局勢大變，你看現在該怎麼辦？」

基於一種強烈的愛國心，我幾乎不假思索就脫口回答：「報告董事長，社會上很多人都認為我們商人重利輕義，如果國家有難，大家都覺得商人肯定是頭一個跑掉的。但我覺得並不是這樣的，今天國家面臨如此嚴重的挑戰，我們只有一條路，那就是：完全支持政府，繼續經營下去！」

張董事長本來就是個有魄力的創業家，他重重拍了一下大腿，對家人們說：「你們有聽到玉山講的嗎？我們嘉新就是要支持政府，就是要繼續做！」

董事長都這麼說了，其他人就不講話了。我想，董事長一家人心裡也很掙扎，才會找我這個不是家族成員的外姓幕僚過來商議。

我過去受的是軍校教育，軍校教育就是告訴你要「忠於國家、忠於領袖」，雖然我後來改做了商人，但始終都沒有偏離這個信念與責任。我真心認為，國家興亡，匹夫有責，尤其國家在風雨飄搖時，愈是有能力的人，愈不能慌張棄船；相反地，應該要挺身而出，共體時艱才對。

既然董事長決定了，我便跟他獻策，說現在全國上下人心惶惶，我們光是自己決定堅守崗位不夠，還要透過媒體，讓全國老百姓都知道我們的決心，才能發揮安定社會的功能。

張董事長問我：「玉山，那你打算怎麼辦？」

我回答：「現在最有效的方式，就是在報紙上登廣告，讓政府和人民都知道張董事長您的愛國心。」董事長大手一揮：「那你去辦吧！」

要登報，得先寫好新聞稿，我沒有什麼寫稿經驗，便找當時《經濟日報》的一位記者小姐來交換意見，請她執筆。她洋洋灑灑寫了一大篇，內容是很豐富，但我看了以後，並不是很滿意，覺得現在企業、民間慌成一團，誰有耐心消化這麼長的東西？就是看完了也記不住，我覺得應該要提綱挈領，直指核心，把重點單純化。

我決定親自跳下來寫，捨棄長篇大論的寫法，擬了三大重點，分別是「信心」、「決心」以及「行動」：

第一，我們的信心，信賴政府能夠領導全國人民接受挑戰。

第二，我們的決心，支持政府能夠突破困境，使台灣能夠安全。

第三，我們的行動，我們將持續投資新台幣十億元，繼續擴充生產事業。

在這三點之後，落款是「嘉新水泥董事長張敏鈺率全體員工鞠躬」。

我用這三點，清楚昭告全國百姓：我們嘉新水泥會繼續跟大家堅守在這條船上，絕不會國家有難就跑掉，不但不會跑掉，而且還會繼續擴大投資。我擬好後，呈給張董事長過目，他說：「很好，就照這樣發稿去做。」

我們一口氣花了兩百萬元，把當時台灣所有報紙的頭版廣告全部買下來，在七〇年代，兩百萬元可不是個小數字，但只有下重本，才能產生登高一呼的效果。那則廣告用醒目的紅字打版，以彰顯我們的決心。廣告見報當天，就好像一劑強心針，每個看過的人都覺得大受鼓舞。

登報當天下午，當時的行政院院長孫運璿先生在中山堂召集企業界人士開會，張董事長也參加了。政府召開那場集會的目的，是要對企業界信心喊話，跟大家保證台灣仍是個安全的環境，大家不要卻步。

張董事長回公司以後，很高興地告訴我，孫院長在那場集會中，特別拿出我們登廣告的一張報紙，把嘉新當領頭羊，呼籲企業家們：「你們大家要跟嘉新水泥的張董事長學習！你們如果繼續投資，社會很快就會安定下來！」

這個效應擴散得很快。我們登報的第二天，台塑就宣布要投資五十億元，接下來的第三天、第四天，都陸續有企業站出來表態將繼續投資，原本不安詭譎的氣氛，一下子就穩定下來了，百姓慢慢又開始安居樂業。

冠德集團旗下的根基營造在二〇一四年時，曾經參與把孫運璿先生故居，改建為「孫運璿科技人文紀念館」的計畫。坦白說，這個計畫對根基營造來說，其實是賠本去做的，但是我還是接下來了，為什麼呢？因為我覺得這是很有意義的一件事，我一直很敬佩孫運璿先生，他在那個非常時期，帶領國家走過危難，我親眼見證過這一段歷史，對孫先生的人格，是十分敬佩的。

紀念館落成啟用時，我們特別舉辦了一場紀念音樂會，我也跟孫先生的長女孫璐西女士以及與會來賓講到了當年的故事，我很高興自己有幸能夠在那個大時代，跟孫先生一同為國家貢獻一份心力。

我覺得這是我在做嘉新副總期間所做過，對國家有幫助的一件事。我之前當軍人，一心想報國，後來從商，仍不改此心，能夠對社會有所貢獻，我很安慰。

當然，還是要感謝張敏鈺董事長與張東平副董事長對我的重視與信任。我提出的建議，只要他們覺得有道理，就會傾力支持，之前改造工廠時就是如此，現在這麼重要的決定，他們也讓我參與，這種知遇之恩，我一直感念著。

當初董事長問我意見時，我的答案，真的只是基於愛國心，但這個決定，後來也為嘉新帶來額外的效益。

我之前奉命要跟政府申請建新廠，但遲遲未能通過，本來應該已經確定要被打回票了，但後來我每次去洽公，都帶著這份報紙去，跟官員們說：「中美斷交時，誰敢講這個？我們是第一個站出來支持政府的，我們現在建設，也是為了國家好呀。」後來，政府官員就簽准了這個案子，我們因此能順利建新廠。

我之前在岡山廠改造了五十萬噸的舊廠，又建了另一座六十萬噸新廠，回台北當副總這一次跟政府申請的，則是更大規模的一百萬噸廠。

我在嘉新做副總，大概做了三年，就被調到新成立的子公司申新實業當總經理，負責監造台北市八德路的ＩＢＭ萬國商業大樓，那又是另一段曲折精彩的際遇了。

第六章

危機四伏，興建首座智慧大樓

我從商以來，
一直秉持「誠信」的信念。
在積極賺取利潤、達成企業使命的同時，
也不能剝削生意夥伴或傷害到其他相關人士的利益，
這才是做生意的道義。

在嘉新總公司擔任副總經理三年多，我被調到新成立的子公司「申新實業」當總經理，這個階段的核心任務，就是蓋一座智慧型商辦大樓。

這也是我創業以前，所經歷過最有挑戰性的任務。

當時ＩＢＭ希望能在台灣找到一棟全新且先進的智慧型商辦大樓，把台灣的員工集中在裡面辦公。他們看中了一塊在敦化南路與八德路交叉口附近的土地，只要誰能順利取得土地蓋大樓，他們就跟誰合作。

一開始，是張東平副董事長以兆麒實業負責人的角色，和費宗澄建築師去跟ＩＢＭ交涉的。由於ＩＢＭ擔心兆麒實業的財務狀況不足以負擔這麼大的案子，於是就轉由嘉新水泥負責，張董事長便成立了申新實業，把我派去執行這個任務。

我要做的第一件事，就是取得土地。

ＩＢＭ看上的那塊土地的所有權，屬於台灣療養院，當時除了我們以外，也有其他建商看上這塊土地。院長戴寧基（Albert Deinger）是個美國人，我花了整整三個月，到他辦公室拜訪他，誠懇與他溝通，洽談要買土地的事宜。

或許是被我的誠意感動，戴寧基院長同意把土地賣給我們。我們談好價格以後，要找律師來寫合約前，他對我說：「Timothy，我看不懂中文，也不懂台灣的法律，我若自己找律師，能不能照我的意思做，我也不確定。但我覺得我可以信賴你，你找的律師，除了幫你做，也幫我做。我不擔心，我知道你是個誠信的人，一定會公平處理的。」

這是一筆四億六千萬元的買賣，金額相當高，戴寧基院長卻如此信賴我，讓我十分感動，我告訴自己，絕對不能辜負這份信任。我聘請國際通商律師事務所的首席律師陳玲玉女士來幫我們寫合約，立約當天，我坐下來第一句話就跟陳律師講：「這份合約，請妳優先保護台灣療養院的利益，再來保護我的利益。」

為了保護他的權益，我們簽的這份合約是「預購合約」。意思是，我們雙方初步同意要做這個交易，但是還沒有正式生效，為戴寧基院長保留一個轉圜的彈性，讓他有機會可以反悔。若是我們一開始就把合約寫死，且訂出違約罰則，萬一戴寧基院長提報到美國董事會，董事會覺得他賣得太便宜，到時候若要反悔，他們就會蒙受損失，這不是我樂見的。

因為戴寧基院長完全看不懂中文，我們訂合約頗費周章，陳律師得先把合約內容逐條翻譯成英文，一一念給戴寧基院長聽，大家若有意見就現場修改，改到彼此滿意為止。

我從商以來，一直秉持「誠信」的信念。在積極賺取利潤、達成企業使命的同時，也不能剝削生意夥伴或傷害到其他相關人士的利益，這才是做生意的道義。

合約出來以後，戴寧基院長提報給董事會，大約兩週左右，他就通知我已經通過了，我們便在淡水嘉新水泥的招待所，由張敏鈺董事長親自出席簽下正式合約。

史無前例的智慧型大樓

土地的問題解決了以後，接下來，就要開始跟ＩＢＭ談大樓的規劃設計、建材規格以及未來的合作細節。

ＩＢＭ是行事極其嚴謹的國際大企業，跟他們交手格外辛苦。我們找了國際通商律師事務所的陳玲玉律師代表我們，ＩＢＭ則找了理律事務所的張良吉律師，這兩間都是台灣最頂尖的律師事務所，兩位律師都步步為營、不肯退讓，不難想像雙方交鋒有多麼「刀光劍影」。

為了搞定這個案子，我、陳玲玉律師還有ＩＢＭ的代表張赤道經理及張良吉律師，四個人固定每週三上午九點鐘，跟飯店租一間會議室開會。我們合約是以英文為主的，中文寫好後，要先翻譯成英文，然後再送交給ＩＢＭ的稽核人員審查，為了確保萬無一失，ＩＢＭ對於合約的用字遣詞極其在意，幾乎到了字字推敲的地步，我們經常折騰苦戰了一上午，卻連一條合約也沒能拍板確定。

就這樣，整整開了半年多的會，終於把合約寫得盡善盡美。雖然過程很折磨人，但因為大家都很講究細節，這份合約十分周詳完備，所有權利義務都規範得一清二楚，日後若有任何疑義，只要回去查查合約就能釐清。

在雙方的合作條件方面，我談了一個相當漂亮的價錢。當時，市場上商辦的租金行情大約是每坪一千元上下，而我跟ＩＢＭ談的租約一共綁十年，前五年是每坪一千七百七十五元，後五年則是每坪兩千五百五十元。即使是現在，市場商辦的租金行情差不多也在這個價格上下而已，在三十年多前，這是一個非常優渥的價格。

我們的租金比市場行情多了百分之四十，且一綁就是十年，為什麼ＩＢＭ願意接受這個高於市場行情這麼多的租金價格？

因為他們要求這棟大樓必須為其量身訂做，大樓同時須取名為「ＩＢＭ」，在建築品質方面，則要求要建立高規格的智慧型大樓，當時台灣根本還沒有類似的商辦建物。

這棟大樓總計二十一層，地上十六層，地下五層，總面積一萬四千多坪，正式完工後，八樓以上的樓層，全數出租給ＩＢＭ使用。因為ＩＢＭ要放置許多機器，樓板承重度要從三百公斤提升到五百公斤，且因為所有重要的電腦設備都要放在十四樓，該樓層還要有高架地板。

當時商辦大樓的造價成本，市場行情約三萬元一坪，但ＩＢＭ要的這棟智慧型大樓的造價成本則翻了一倍，要六萬元才能做一坪。

我承諾ＩＢＭ，我會親自監工，以確保工程能達到他們要求的水準；但「一分錢一分貨」，他們相對也應該承擔較高的租金成本。ＩＢＭ是一家很重視品質的公司，我們雙方便達成共識。

但是，ＩＢＭ還附帶了一個頗嚴苛的條件：他們要求我們必須在兩年三個月內蓋完這棟大樓，在他們三十週年慶以前完工。這個期限是敲釘轉角說死的，兩年三個月就是兩年三個月，沒有任何轉圜餘地，就連多拖一天也不成，若屆時無法如期搬進去，中新實業必須要賠償ＩＢＭ八億元！

但相對的，如果我們施工完成，ＩＢＭ卻因故無法準時進駐，我們也一樣可以罰ＩＢＭ八億元罰款。

我把ＩＢＭ的意見帶回去跟張董事長報告，董事長只問我一句話：「玉山，這個案子會不會有問題？」我回答：「根據我蓋工廠的經驗，應該不會有問題，若中途遇到問題，那去解決它就是了。」董事長對我向來信任，就同意這個條件，放手讓我去做。

我有一次把這段交手過程講給台塑董事長王永慶聽，王董事長笑說：「你好有勇氣。」

如今回想，可不是嗎？ＩＢＭ大樓這個案子，的確是我當時生涯中所遭遇過最大的挑戰，簽約這一關，只是個開始，之後執行這個案子的過程，考驗不斷，確實非常需要膽識。

誠摯換來友誼

一切談妥以後，和ＩＢＭ簽約當天，張董事長、當時ＩＢＭ台灣區總經理Paul Chang以及戴寧基院長都親自出席。

簽約前還有個小插曲，戴寧基院長提議，要跟我和董事長照張相做個紀念，拍照前，他突然對張董事長說：「按照你們華人的習慣，你是主人得站中間，我跟Timothy站你兩旁，但是，我希望今天是馬總站中間，我們倆站旁邊。」

我們正納悶為何戴寧基院長有此一說時，他從口袋裡拿出好幾封信給我們看，都是建設公司寄給他，說要買土地的信，且全都附有銀行保證。戴寧基笑說：「誰要跟我談買賣土地，非得要有銀行五億元保證金不可，只有Timothy來跟我談，不需要一毛錢保證金，因為我信任這個人的人品。所以，今天我們可以談成這件事，Timothy的功勞最大。」

他的讚美，讓我受寵若驚。我自己推測，戴寧基院長之所以對我這麼青睞有加，應該是因為我可能是那些競爭者中，最有誠意的一位。我猜想，之前跟他接觸的其他建設公司，可能都只是派業務窗口去遊說而已，我卻是以高階主管的身分，不厭其煩地親自登門拜訪多次；而且，更重要的是，我是真心為他的利益著想，從未因為他是外國人，不懂台灣法律而想占他便宜，所以他才會對我如此看重吧？

雖然戴寧基院長多年前就已經返美定居，但因為當時合作愉快，這段友誼仍持續至今。誠信不僅成就了一門好生意，也成就了一段長遠的友情。

四處奔走，張羅款項

除了簽約煞費心力，為了尋找願意貸款給我們的銀行，也奔走了好一陣子。

當初為了要買土地做營建，必須找銀行貸款，我準備了詳盡的投影片，跟銀行貸款人員分析：「我今天跟貴行借六億元，但我蓋好大樓後，租給ＩＢＭ八千兩百坪，且綁十年約，前五年的租金是一千七百七十五元，算起來光是前五年的收益就有八億五千萬元，跟貴行借的六億元，五年內就連本帶利還清了，你們根本不用擔心。」

但因為金額頗可觀，加上當時我們要負責做保的母公司，營運並不算是太好，我連跑了七、八家銀行，大家都面有難色，不敢鬆口貸款。

只有土地銀行的陳棠先生，對我們的申請比較感興趣。陳棠先生是個很有見地的專業人士，他後來也成為傑出的銀行家，做到了土銀的董事長。我跟他接觸時，他還是個經理，他頗認同我的計畫，覺得應該可以放款給我，但他又擔心董事會有異議，便要我拿著那份投影片去跟土銀的董事會報告：「若你能說服他們，貸款就沒問題了！」

我跟董事會報告完，便正襟危坐在會議室裡備詢，大家問了好多問題，我早做好萬全準備，不卑不亢一一解答。我觀察他們的表情，似乎對我的答案還算滿意。

最後，我對在座土銀的長官們說：「ＩＢＭ大樓這個案子不是一般的建案，它有兩個很重要的意義：第一，我們國內營建還沒有國際標準，我們這案子是國內第一棟智慧型建築，對營建業國際化標準將能帶來正面的影響；第二，經過財務試算，我們五年後就可以還清跟貴行借的六億元貸款，對貴行而言，也是筆明智的生意，希望各位長官能支持我們！」

報告完，陳棠經理要我先到隔壁貴賓室等候，讓董事會討論表決，他說：「如果通過了，我會立刻出來通知你；但如果你等了半小時，我都沒出來，這件事，恐怕就是沒下文了，你就自己離開吧。」

我懸著心在貴賓室等著，心想要結結實實等上半小時了，結果才等了十分鐘，陳棠經理就滿臉喜色地來告訴我，說董事會通過了！

有了這筆貸款，我總算是吃了定心丸。

除了土銀，我又找到世界華商銀行（即國泰世華銀行前身）汪國華董事長另外貸款了兩億元，解決了資金的問題。在營造廠方面，我們則是透過招標，找了國泰信託旗下的海陸工程承包。到此，兵馬糧秣都已備齊，接下來，就是正式開工。

原以為萬事俱備，應可順利進行到底了，沒想到中途風雲變色，變成一場艱辛的硬仗。

臨危不亂應對十信風暴

因為工期有點緊迫，我大膽啟用當時算是頗先進的「逆打工法」來建築。

傳統工法是先挖好地基，做好地下室再往上做；而逆打工法是先施做擋土牆，並預埋基礎柱，把地面結構體做好以後，上下同時施做，如此可以大幅節省施工時間，我自己預估，大概可以省下四個月的工期。

逆打工法現在已經是很常見的建築工法了，但當時懂這門專業的人並不多，採用逆打工法的建築，只有國泰大樓這一幢而已，我去勘查過後，就跟董事長建議採用這種技術。

一九八五年，施工半年左右，正當一切都按照計畫順利進行時，突然發生一個撼動全台的巨變——十信風暴！

這是當年台灣史上最嚴重的一次金融危機。蔡辰男、蔡辰洲兄弟擁有的國泰信託與十信兩大集團全都陷入泥淖，存戶陷入極大的恐慌，不只是十信被擠兌六十幾億元，連國泰信託也在極短時間內就被擠兌了一百五十億元，這件金融危機，不但影響無數存戶，也嚴重衝擊台灣產業。

很不幸的，我們當初經過招標找來的工程包商，就是國泰信託旗下的關係企業「海陸營造」。

十信案見報當天，我一看到新聞，心中便暗叫不好，工地那裡肯定陷入混亂。

我第一件事，不是去報告張董事長，報紙已經鋪天蓋地刊登了這個消息，董事長肯定已經知情了，不必多此一舉。我的當務之急，是先趕到工地穩住軍心，我把海陸工程的人員聚集起來安撫他們：「這件事（十信案）對你們的影響還不確定，如果真的對你們有影響，你們之前工作的薪水，營造公司給不出來的話，我馬某人一定負責到底，絕不虧欠大家一毛錢，請大家稍安勿躁，先安心繼續做該做的事。」工人們原本人心惶惶，聽了我的話，便回到崗位上繼續施工。

想當然爾，客戶IBM以及放款給我們的銀行在十信案爆發以後，都很擔心我們的工程會胎死腹中，損及他們的權益，急著找我解釋。

我當初已經承諾張敏鈺董事長，遇到問題，就去解決問題，如今真的遇上這場風暴，無論如何，我一定會排除萬難完成這棟大樓，絕對不能讓銀行在此時抽銀根。穩住工地現場以後，第二件要緊事，就是讓銀行跟客戶安心。

我告訴他們，我有兩個處理方案：第一，在最短的時間內，另覓一家實力夠好的營造廠進來承接這案子；第二，如果實在找不到夠好的營造廠，我過去有蓋工廠的經驗，若真的已經到了無計可施的地步，我會親自跳下來，自己發小包把大樓建起來，我蓋過工廠，發小包對我來說絕不是問題。當然，無論如何，仍然會維持原先承諾的品質。

我想我馬某人在他們心目中，應該是個頗有信用的人。土銀的陳棠經理聽完我的方案，決定繼續放款，他對我說：「既然馬總你有這麼大的決心跟策略，我們大家就拭目以待了。」

除了跟銀行保證，我也跟ＩＢＭ開會，把所有問題跟我的對策解釋清楚，說服了張赤道經理。後來ＩＢＭ的總經理還把他寫給上級公司的報告副本給我看，說：「我對你有信心，所以跟公司回報沒有問題了，你可要好好做。」

我心裡明白，他們也都是冒著風險為我背書。背負著這麼多人的期待與信任，我這一仗，是只許成功，不許失敗了。

為了趕上工期，我很快找了另一家「達欣工程」，取代原本的海陸營造。

問題是，達欣工程當時沒有做逆打工法的經驗，台灣當時最熟稔這項工法的三個專業人才，就在已經被牽連的海陸營造。於是，我便要求達欣工程說，若他們想包下這個工程，第一，價格不能變；第二，海陸工程的這三個人，你要保留他們，且不能減他現在的薪水，否則他一旦離職，我們將來蓋大樓肯定會碰到麻煩。達欣工程也是知道輕重利害的專業承包商，便同意了我的條件。

與此同時，我也對那三人保證，一切條件不變，要他們安心轉移到達欣工程工作，若他們有任何問題，可以直接來找我。我們當時已經不能再經得起任何閃失，他們是這個工程順遂與否的關鍵人才，我必須確保他們都能繼續貢獻，讓大樓得以順利完工。

不願趁火打劫

好不容易讓工程重新上軌道，又差一點節外生枝。

在新營造廠進來交接的過程中，總公司有幕僚跟張董事長建議，說我們可以晚一點再找其他包商進來，理由是，國泰信託有三億元的保證金，用來保障海陸營造廠，如今海陸營造倒閉了，不如就先沒收這三億元再說。

因為幕僚強力進言，張董事長便把我找來，問我對此事的意見，我立刻斬釘截鐵反對：「董事長，這萬萬使不得！」

按照法律規定，我們的確可以罰國泰信託錢，但是我的人格特質不容許做這種趁火打劫的事，而且，衡量當時的處境，這樣做恐怕也是弊大於利。

我對董事長分析：「第一，您跟蔡家長輩是舊識，現在蔡家兄弟落難，如果我們拿走這三億元，在市場上肯定會引起軒然大波，人家會說您張某人不顧道義落井下石，對您的名聲有損；第二，我們換營造廠要到市政府登記，想換掉海陸，也要他們同意，若海陸基於報復心理，刻意拖延或扯爛汙，在移轉營建權上囉囉嗦嗦，我們的工程勢必會停擺。我們跟IBM那裡可是簽了高額罰金的合約，我們現在去罰人家錢，對我們來說，未必能得到什麼好處，相反地，還可能會壞了大事。」

張敏鈺董事長是個明理人，聽完我的分析後便說：「好！玉山，聽你的！」

後來，蔡辰男知道張董事長的決定以後，特地到嘉新來拜訪董事長。記得他來訪時，身後還有兩個調查局的人亦步亦趨跟著他，他見了董事長，感激地說：「張伯伯，謝謝你！」

張董事長見他說得誠懇，也忍不住動容說：「我跟你爸爸（國泰集團創辦人蔡萬春）是好朋友，我是看著你們長大的，如今你遇到困難，我不會去抽你們銀根，讓你們雪上加霜的。」

經過這許多波折，我們終於順利把工程轉移給新的營造公司達欣工程公司，繼續蓋大樓了。

兩年六百五十幾場會議

在建造ＩＢＭ大樓的工程期間，我每天早上七點鐘就到工地去勘查施工情況如何，確認每日上工人數以及工程進度；八點鐘，則跟主管開會，如果有任何不正常的狀況，我就要求必須在三天內修正回來。在那兩年三個月的工程期間，包含嘉新、申新、工地等不同目的的會議，我一共開了六百五十幾場，非常精實。

因為工程中途受到十信案影響，所以整個團隊都積極趕工。連續兩年，每年大年初二我們就開始上班，一大早我就穿著橡膠雨鞋去工地給工人們發紅包，年初二來上工，每人五百元；年初三，每人三百元；年初四，每人兩百元；年初五，一百元，到了年初六，各行各業都已經正式開工，就沒有額外的紅包了。

在三十幾年前，勞工平均薪資才幾千元，五百元可是個為數不小的大紅包，但我覺得很值得。大過年的，人家願意來幫我們趕工，就該好好謝謝人家。

我在帶岡山廠時，整天都跟工人們泡在一起，深知勞動工作者的脾性。這些人雖然粗獷，偶爾有些固執，但大多是性情中人，如果你真心體恤他們，他們就會跟你講義氣。

雖然在後續的過程中，仍偶有些小波折，但比起先前十信案的大難關，這些都只是小路障而已，逐個解決就行。原本IBM給我們訂下的期限是兩年三個月，但我們不到兩年，就順利竣工了，效率不可說不驚人。

我跟張董事長提議說，整個工程團隊臨危接手，跟我們一路風風雨雨走來，功勞匪淺，如今工程不但順利完成，進度還超前，應該要好好犒賞他們。

張董事長問我：「玉山，你說得有道理，那你覺得該怎麼犒賞？」我說：「發獎金給他們最實惠。」張董事長豪邁地說：「好吧，那就包一千萬元紅包獎勵他們吧！」這個大手筆，在當年營建圈，可是件讓人津津樂道的軼事。

大樓蓋好，ＩＢＭ辦公室順利喬遷後，他們舉辦了一個盛大的慶功宴，我與張董事長都受邀參加。

慶功宴那天剛好是雨天，ＩＢＭ從澳洲來的新任總經理藍登上台致辭，他先暖場說：「現在下著雨，按照華人『遇水則發』的說法，我們挑這天慶功，可是個好兆頭啊！」之後話鋒一轉，感性地說：「我們這棟大樓的施工過程中，遭遇了極大的挑戰，但是，Timothy還是排除萬難，解決了所有問題，如期蓋好了這座完美的大樓，所以我們今天才能在這裡慶祝！」他話講完，所有與會來賓都為我鼓掌。

蓋ＩＢＭ大樓這個任務，到此刻終於畫下完美的句點。

對雪中送炭貸款給我們的土銀來說，這自然是一個很成功的案子，接下來只要收割成果就可以了。倒是ＩＢＭ大樓落成後，當年婉拒放款給我們的銀行紛紛打電話跟我賀喜，有的還說：「馬總，我們當初還在評估階段，你這案子怎麼就給別人，沒給我們做了呀？」讓我啼笑皆非。

危機中淬煉能耐

ＩＢＭ大樓這個案子，等於是我自己親力親為、從頭到尾去完成了一個大工程，對我而言是很珍貴的經驗。

第一，是危機處理的能力。

在施工過程中，遇到十信案，表面上似乎是一樁劫難，但歷經這場試煉，我的危機處理能力又提升了不少。當時，周遭的人都很不樂觀，覺得我們恐怕是做不出來了，但我始終抱持必成的信念，積極解決問題，關關難過關關過。

過程中，也有人說，馬總你不用那麼拚命，其實晚幾個月，應該也是沒問題的。我一向不認同某些業者做生意這種「差不多」的觀念，合約上白紙黑字怎麼寫，就應該恪遵到底，尤其我們跟ＩＢＭ這種外商做生意，一切依合約行事，絕不可能用這種「差不多哲學」做事。

第二，則是對品質的堅持。

當時台灣營建水準良莠不齊，很多建商只注重成本，營建都隨便施做。但ＩＢＭ對於這棟智慧型大樓的要求極為嚴格，就連建材規格都開得很清楚，比如說，當年台灣電梯的電纜通常只要求耐火攝氏兩百度，但ＩＢＭ卻要求要耐火攝氏六百度的電纜才可以，台灣沒有類似產品，還得特別從日本進口，施工圖面還要帶去日本給ＩＢＭ分公司審核才行。

不但對建材要求極嚴格，所有施作品質、工期都要比照國際標準，ＩＢＭ還聘請知名建築師姚仁喜當建築顧問，內部裝潢則是由姚仁祿負責，規格之細膩，是台灣當年商辦大樓僅見。這些經驗對我後來創業相當有助益，我們冠德建設蓋的房子，一向對品質要求極為嚴格，我的理念，都是從當初蓋ＩＢＭ大樓的時候就一直堅持至今。不過，這些都是後話了。

我蓋完ＩＢＭ大樓之後，在業界一時聲名大噪，好幾家企業來挖角，希望我能過去他們公司服務。其中一家，讓我還蠻動心的，這家企業並非水泥業，不會跟我的東家嘉新水泥打對台。我心想，當初成立申新實業，目的就是為了要蓋ＩＢＭ大樓，如今這個核心任務已經完成了，我又不屬於嘉新水泥的家族成員，在集團內發展也有極限，或許，我該另做打算了。

我思考了很久，最後決定去跟張董事長報告，說我的階段性任務已經完成，有一家企業很想要找我去，我自己也頗有意願。張董事長極力慰留我，甚至還這麼說：「玉山，你是公司高級經理人，你要是走了，豈不是顯示我張某人不會帶人，才會讓人才出走嗎？我說玉山，我不會讓你走的，請你一定要留下來。」

張董事長向來器重我，長我二十四歲的他，對我而言就像長輩一般，我實在不願陷他於不義；但是，我期許自己能不斷成長，也渴望更上層樓，若繼續留下，真的已經沒有太大的發揮空間。

去或留，真是讓我兩難啊。

第七章

創業維艱，擇善固執

只要嚴格要求品質，
從源頭把關做好，
之後就不太可能會有什麼傷筋動骨的麻煩。
客戶的需求，
多半都是對「細節」的講究，
或是基於個人生活習慣想要做的調整，
我們做為建商，
原本就應該滿足他們。

我之所以會出來創業，跟一個媒體圈的老朋友很有關係。這個老朋友，就是之前幫我引見王永慶董事長的《經濟日報》記者李紀台。他負責跑嘉新的新聞，一直蠻欣賞我的，彼此談話也投機，我們後來就變成很好的朋友，他經常跑來約我一起去吃午餐。

李紀台除了跑嘉新，也要跑很多大企業的新聞，算是閱人無數、見多識廣。有一次吃飯時，他正經八百地對我說：「馬副總，我看你這人是個大才，你在這裡，說真話是小用了，你應該要找更好的發展機會才對，你要不要考慮創業啊？」

其實，我之前也不是沒想過要自己創一個事業，但這畢竟是個很重大的人生轉折，我總覺得應該要更審慎評估。我這位老友李紀台非常執著，每次來找我都重提一次，不斷遊說我別浪費才華，一定要出來自立門戶。整整勸說了一年，在他的鼓勵之下，我出來創業的念頭愈來愈強烈。

除了李紀台，我太太也是一個很強大的推動力。她也認為我一定要出來創業，她說：「你過去的表現，算是很對得起公司的託付了，如今，你在公司最重要的任務已經告一段落，你應該要去開闢自己的天地才對。」

經過幾番長考，加上好友與家人的支持，我決定自己出來闖一闖。一九七九年，我集資一百萬元，成立了一家小公司，叫做「冠漢實業」，做的是建材生意。

之前，有企業來挖角時，我跟張董事長提辭呈，他一直留我。我們那個年代，是非常講究倫理的，從情理上來看，我之前想去的那間公司，算是他商場的平輩，我是公司重臣，若改去投靠他人麾下，確實可能會讓董事長面子掛不住。張董事長對我有知遇之恩，我實在不願讓他尷尬，所以就還是留了下來。

這一回，我再去找張董事長提辭呈，說我並不是要去別家公司，而是想自己創個小事業。他這一次聽完，總算沒有再強留我，平和地說：「你這人也是閒不下來，去創個事業也好。」只是他又補了一句：「但你先不要辭職，你就先兩邊兼著做吧。」

所以，有大約兩年左右的時間，我就在ＩＢＭ大樓八樓辦公，身兼二職。等到我覺得我的小公司實在需要我百分之一百投入的時候，我想我對老東家應該也算是仁至義盡了，我才正式辭職，離開申新，專心做我的事業。

我之所以花這麼多工夫才慢慢淡出嘉新，也是感念張董事長對我的厚愛。張董事長實在待我不薄，我在申新和我自己公司兼著做的那段時間，他經常會到我辦公的地方找我聊聊，他還曾問過我好幾次：「玉山，你的事業，需不需要財務支援？」我很感謝他的好意，但我都堅決婉拒了，這是我的事業，我想要自己開創，實在不想要拿董事長的金援。

從建材轉進建築

在創業資金方面，成立冠漢之初，我先拿出一百萬元積蓄，經過太太同意，還把我家裡的房子也拿去抵押給銀行貸款，我的股份大概占六成左右。

剛開始，創業夥伴一共有五個人，是岡山廠的老同事，大家過去合作無間，很有默契，又認同我的理念，所以想一起試試看。

至於為什麼要選擇建材這個行業？理由很單純，因為這是我們唯一比較熟悉的領域。我過去資歷中學到的專業是蓋水泥廠，但是蓋水泥廠需要非常龐大的資金，不是我們玩得起的市場，所以我只能先切入我比較瞭解的產品，諸如水泥、磁磚等建材，這些產品都是過去蓋廠或蓋大樓使用過的東西，我知道該如何取得商品，也知道該銷售給誰。

一九七九、一九八〇年時，台灣到處都在蓋房子，做建材一段時間之後，我覺得，建築似乎是一個還不錯的行業，或許可以考慮轉進這個產業。雖然我並非建築科班出身，但我全程參與蓋過工廠，也蓋過台灣最頂尖的辦公大樓，我對自己跨足建築業，是頗有信心的。

因為我們一開始也買不起土地，只好先找有土地的人，跟他們合建。我們第一個合建的案子，位在永康街巷子裡。當年很多建商蓋房子都蓋得很隨便，偷工減料的事情時有所聞，但我們很用心，蓋了一間不錯的房子，地主非常滿意。

之後，慢慢做了幾個案子，累積了一些錢，就想自己買土地蓋房子。輾轉得知有個資產很多的藝人，在天母地區靠近山腳下的某個區域，擁有兩百坪土地，他要移民去美國，所以想出售土地。對方開出的價格也不貴，我們就把這塊地買下來，請建築師來蓋了公寓。

可是，蓋好以後，銷售情況卻很慘烈。賣了好一陣子，只賣掉百分之三十，那個案子一共也才十四戶而已，也就是說，只賣掉四、五間房。

我也覺得納悶，我在大安區跟人合建的案子，蓋好一下子就賣掉了，為什麼蓋在天母就賣不掉呢？經過研究，推測原因可能是地點太偏遠了。現在天母是高級住宅區，但當時可不是，若蓋的是別墅倒也罷了，在那裡蓋五樓的公寓，有錢人沒興趣，尋常百姓又覺得太偏遠，非常難賣。

蓋都蓋了，沒辦法，也只好一戶一戶慢慢賣。我們前後花了三年，好不容易終於把天母的這批房子賣完，算一算，也只賺了一點點錢。幸而當時公司規模很小，員工才十幾個人，薪水還算付得出來。

經過這次滯銷的教訓，我決定還是回到大安區發展，找人合建或另買土地蓋房子，並正式把公司名字從「冠漢實業」更名為「冠德建設」。

我們在天母買地蓋房子時，因為那塊土地不貴，股東們勉強還可以湊到錢，但後來想要另外投資買一塊土地，就面臨資金不足的問題。

我跟銀行申請貸款，現在土地貸款成數是六成五，但那時候好像只能貸四成多，且銀行說，如果要借錢讓我買土地，我們必須自己增資五百萬元，否則銀行拒貸。但是，我自己和股東們都沒有錢了，我們連房子都已經拿去抵押了，要我們再另外生出五百萬元，實在很困難。

逼不得已，我只好找朋友借錢。我有個老朋友在做生意，手頭資金比較寬裕，我把我們面臨的難題告訴他，希望他能借我五百萬元，等銀行驗資過了，我就可以把這筆錢還給他。這個朋友也很大方地借我了。但沒想到，後來銀行那邊卻表示，我必須把錢放在帳戶裡一年才可以貸款給我。我只好又硬著頭皮跟朋友說明得延後還款的事，幸而我這朋友很瞭解我，知道我是有信用的人，就同意再等一年。

這筆錢可真的是及時雨，若沒有這五百萬元，我們成長的速度恐怕又要拖緩不少。而一年後，我們果然也賺了錢，順利還了款。

這五百萬元在帳目上的名義，我把它均分給各個股東，等於是股東投資的錢，說得白話一點，等於是我先幫其他股東借錢給公司應急。不過，一年後，要還款時，我並沒有去扣股東們的錢，而是從公司賺的獲利中取款歸還，如此等於擴大了股東們的股本，創業夥伴們都很高興。

客製化服務與終身保固

因為我對品質很堅持，回到大安區以後，我們蓋的房子銷路都很好，通常蓋完沒多久就全部賣掉了。一九八四年，我們正式損益兩平，開始賺了一些錢以後，我便想做一些創新，進一步提升我們房子的價值。

以前四層樓高的房子，都是沒有電梯的，但是我覺得會在大安區買房子的客戶，多半都是經濟能力比較好的人，這類客戶通常都很重視生活品質，加上如果家裡有行動不便的長者，應該就會希望買有附電梯的房子。於是，我就大膽在四層樓的房子裡增設電梯，增設電梯的確會增加成本，平均每坪大概要多出三千到五千元，但是，四樓的房子加了電梯以後，瞬間就從公寓升級成華廈，每坪可以因此多賣一萬元。而且，銷售狀況也如我所料，這類產品非常受歡迎，賣得非常好。

除了在建材、設計上用心，我在「服務」上更是不遺餘力。

我們當時的辦公室在新生南路上，我的客戶隨時都可以到我辦公室裡提出需求，比如說，他覺得房子哪裡做得不夠完善，或是哪裡的格局想要改變一下，只要我做得到的，我都照單全收。有些客戶會問：「那改這樣要加多少錢？」我都跟他們說不用，這是我們特別提供的客製化服務。

我一直覺得，對絕大多數的人來說，買房子是一件要緊的大事，可能是他人生中最大的單筆消費，他拿出他辛苦工作多年攢來的積蓄，買了你的房子，你絕對不能辜負他。

加上過去我自己家裡買房子的經驗，也不是那麼愉快，更加深了我要客製化的念頭。我在岡山廠擔任廠長時，我太太在台北買了一間房子，因為學區好，價錢比市場行情還高一大截，但她跟工程人員反應，說想在主臥室開一個冷氣孔時，工程人員臉色卻很難看，百般不情願。後來勉強做了，卻挖得太大了，弄得我們後來還得找填充物把多餘的縫隙填補起來才行。

當時房地產市場很熱，需求大於供給，完全是賣方市場，買方是比較弱勢的，許多建商對客戶的需求，並不是那麼重視，很多建商的態度甚至是：你要就湊合著住，不要就拉倒。

但我不想要做那種不體察客戶需求的建商，因此我在大安區蓋房子的時候，我對客戶的願望，幾乎是有求必應，極力做到客製化。而且早在民國七十幾年起，我就提供客戶「永久售後服務」的服務，那時候，一般建商了不起就是保固一年，但是我就是承諾「永久售後服務」，建立了非常好的口碑。

我並不擔心做出「永久售後服務」的承諾，會讓我「後患無窮」。蓋IBM大樓那段經驗，讓我學會一件很重要的事：只要嚴格要求品質，從源頭把關做好，之後就不太可能會有什麼傷筋動骨的麻煩。客戶的需求，多半都是對「細節」的講究，或是基於個人生活習慣想要做的調整，我們做為建商，原本就應該滿足他們。

粗製濫造，就是沒有良知

我很喜歡去巡工地，萬一看到工人做事隨便，就會動肝火，要求他們立刻改正。我對品質的堅持，以及以客為尊的理念，獲得許多客戶支持；但另一方面，當時大家搶蓋房子，對於細節並不重視，部分工地工程同仁並不認同我的高規格要求。

記得我在台大附近做了個合建的案子，我經常到現場去勘查進度，有時候會遇見客戶，他們經常提出各種修改意見。比如說，覺得對油漆粉刷不夠滿意，或是覺得泥作做得不夠光滑平整等，我不會跟客戶拉鋸或推託，而是立刻要求工班幫客戶修正，重新披土抹平或粉刷，處理妥當後再請客戶來看，做到客戶滿意為止，而且都不跟客戶加收費用。

那批房子全都蓋好以後，工地主管來找我遞辭呈。我詫異問：「你做得好好的，為什麼要離開呢？」他猶豫了片刻，嘆口氣對我說：「董事長，我講句老實話，我當工地主管做工程十幾年了，從來沒有碰過哪一個老闆對品質要求這麼嚴苛的，也從來沒有碰過哪一個老闆對客戶的願望全都有求必應的，你這樣簡直沒事找事，太囉嗦了。」

這個工地主任是個技術很好的匠人，可惜我們彼此理念不符，只能讓他離開。我也知道，我的「多餘要求」，會給工班「添麻煩」，但是，我仍不斷灌輸我的工地主管跟業務人員「要對消費者有責任感」的理念。我找新人進來時，都會問他們：「你有沒有買過房子？房子很貴，你們是知道的吧？要買房子的人，就必須挪出很大比例的家庭所得，相對就會影響他家庭的生活品質，他付出這麼大的代價跟我們買房子，我們是蓋房子的人，應不應該把這件事做好？如果我們沒做好，是不是對不起自己的良知？」

我的話說得很重，但我真的覺得，客戶拿出他的辛苦錢跟你買房子，如果你偷工減料、粗製濫造，真的是相當「沒有良知」。既然客戶把他這麼大筆的身家託付給我們，我們就該不負所託。

樹立品牌價值

房地產景氣很好的時候，亂象也多。首先，很多建商都是所謂的「一案公司」，幾個投資人湊一湊錢，臨時成立一間公司，弄一塊土地來蓋房子，蓋好以後，為了避免繳稅，就直接解散，之後若還有投資機會，再另起爐灶。因為只幹完這一票就分錢解散，所以才會被稱為「一案公司」。

一案公司最大的問題是，因為他們不打算長久經營，可想而知，自然不會在品質上有太多堅持。萬一房子出了什麼問題或糾紛，他們丟下爛攤子一「倒」了之，消費者是完全求償無門的。

也有一些不肖建商的老闆，會想辦法用私人名義或借用其他人頭去買土地，再轉賣給自己公司賺一筆差價，房子還沒蓋好，就先自肥一筆。

我回大安區以後，蓋的房子都賣得不錯，但是我從來沒想過要「賺一票就跑」，也從來沒做過轉售土地給公司賺取差價這種不道德的事情。

儘管冠德當時還很小，但我對它有很大的期望，我衷心期盼它能成長茁壯，變成一家有制度、永續經營的企業。也因此，我格外愛惜羽毛，也希望「冠德」這兩個字，能成為消費者心目中象徵高品質的建築品牌。

當時，即使是規模很大的建築公司，像是國泰、太平洋，也並沒有在「打品牌」，可是我才這一丁點大的小公司，就有心想耕耘品牌。我們在報紙上登建案廣告，都堂堂正正冠上公司名稱「冠德」，比如說，叫做「冠德大安華廈」、「冠德花園大廈」……我要塑造我的品牌價值，讓消費者記得這兩個字，並清楚知道，冠上「冠德」二字的房子，不但講究品質，還承諾完整的售後服務。

在公司還這麼小的時候，要講究品質與服務，又要經營品牌，我能賺到的利潤，當然比不上那些積極賺錢的建商，但我當時真的沒有想著要靠蓋房子大發利市賺很多錢，只是希望公司能夠長久生存下去，並且能發展出一個有口碑的品牌，雖然短時間內可能無法發大財，但我深信，無需短視近利，總有一天，利潤一定會跟著商譽而來。

第八章——從公司走向企業

旁人的笑語，
正是激發鬥志的一種動力，
別人愈是不看好，
我們就要更奮發自強。
我始終相信，
「人才」是維持公司永續的關鍵，
我對所有買我房子的人，
提供兩項保障：
第一是安全，第二則是服務。

「不會吧？醜小鴨也想變成天鵝啊？」

這句話，是我當年提出要把公司上市時，內部同仁的反應。

那時候我們創業沒多久，一九八四年，才剛損益兩平，公司還很小，當我說將來要上市時，同仁們都搖頭笑了，大家都覺得董事長這個主意，真是有點異想天開。只有我深信不疑，我知道，我們冠德建設不是那種股東們看今年帳上賺多少錢，大家算一算就分道揚鑣的「一案公司」，我們總有一天，會變成真正的企業。

一九九三年，冠德建設順利上市；如今，是一家營業額超過數百億元的企業集團，旗下事業還包括根基營造以及環球購物中心。

誰說醜小鴨不能變成天鵝呢？

提出願景，擬定上市目標

當初，之所以想要上市的初衷，是為了要永續經營。

冠德建設剛成立的時候，除了資金一度見絀，徵才也屢遇瓶頸，尤其是具有建築工程背景的人才，更是一才難求。因為公司實在太小了，有實力的新人哪裡肯屈就？來應徵的人不夠好的話，我們不願意用，但條件夠好的人，大多都覺得我們這間小公司「前途堪慮」，很少人願意留下來試試看。

有一年，運氣好像不錯，讓我們徵到了兩個成大畢業、一個淡江研究所畢業的新人，我非常高興。當年大學錄取率不像現在這麼高，像我們這麼小的建設公司想找大學學歷的新人，是很困難的，原以為終於能有優質的新血輪加入，不料半年內，三個人卻全都辭職不做了。

也難怪他們缺乏信心，當時公司規模很小，而且我堅持要把工程「品質」放在獲利之前，加上又登廣告打品牌，那時候一整年能夠賺個幾百萬元就已經很不錯了，也難怪這些學有專長的高學歷年輕人覺得公司「沒實力」，如果他們在外面能找到更好的機會，想另謀高就也是無可厚非。

但是，留不住人才，我們就無法成長，我必須要讓冠德的同仁們知道我們的願景，建立信心。我不厭其煩與內部同仁溝通，告訴大家：「你們不要看冠德現在規模很小，我們絕對不只是一家『公司』而已，我們是『企業』，有朝一日，我們一定會立足於台灣建築界。」

我過去擔任專業經理人，無論遭遇多少困難，我仍舊能達成使命，我一定會帶領這個團隊，讓冠德在台灣占有一席之地。

有了願景，接下來就要擬定長期規劃的策略，否則只是嘴上畫畫大餅，大家仍然無法產生信心。而我提出來的目標就是：股票上市。

既然目標確立，公司營運就要預做準備。早在上市前五年，我就要求公司財務透明化，每年都會公布財務報表。那時候如果不是上市公司，政府根本不要求，也沒有公司會這麼做，但我認為一家有制度的公司，就應該做到財務資訊清楚公開。

因為冠德每年都有成長，公布財務報表的好處是：同仁可以明顯感覺到公司的進步，從而能產生信心。

我也得不斷跟同仁和股東們溝通，雖然公司賺了錢，但很抱歉，現在還不能分配給大家，我們必須累積資本讓公司成長。不然，賺了錢，大家就把它分光光，完全不管公司未來，我們跟那些「一案公司」又有什麼差別？而且長遠來看，我們現在把賺到的錢用來擴張公司，將來公司上市了，大家的身價肯定比今天能分到的近利還多。

我覺得準備到一個段落以後，一九九〇年左右，我找來一家證券公司輔導我們上市。當時，我們的資本額差不多只有一億多元，跟國泰、太平洋、太子之類的大鯨魚建商相比，我們只是小蝦米，證券公司的人忍不住笑說：「你們這麼個小公司，還要上市啊？」我都從容回答他們：「所以我們才要找你們來輔導啊，我們又不是這幾天就要上市，等到一切準備就緒了再上市。」

被前來輔導的證券公司揶揄，同仁們也有點臉上無光，但我都勉勵他們：「旁人的笑語，對我們來說，正是激發鬥志的一種動力，別人愈是不看好，我們就要更奮發自強，證明我們是有實力的公司。沒關係，我們努力賺錢，證明給他們看！」

而我們的確做到了。證券公司輔導我們上市前，資本額已經成長到兩億多元；到一九九三年冠德建設上市時，資本額已經成長到四億五千萬元，前後大約只有三年時間，我們成長了四倍多。

這過程說起來好像很輕鬆，但箇中的冷暖滋味，只有自己知道。股票上市前，留才是很困難的一件事，在不能馬上分享利潤的情況下，我們又這麼強調品質與服務，能認同的員工，才能熬下來共體時艱，無法認同我們價值的，很快就辭職走人，又要重新招募訓練新人，非常麻煩。

終於盼到開花結果

而且，由於「一案公司」太多，主管機關對於建設公司要上市，態度非常嚴苛，免得錯讓不良公司上市，連累到廣大股東。冠德建設在上市過程中，輔導券商依政府法規，從嚴要求我們所有資訊都要透明，內稽內控八大循環的流程一定要很清楚。（編按：企業的八大循環包括：(1)銷貨與收款循環。(2)採購與付款循環。(3)生產與實際成本循環。(4)薪工循環。(5)固定資產循環。(6)融資循環。(7)投資循環。(8)固定資產循環。）

輔導券商知道我們在未上市時，就能夠把財務報表公開給同仁，對我們這「小公司」有點刮目相看。而且，建設公司大股東買土地轉售給公司賺一筆，這種事情在業界時有所聞，但我從未做過這些不合道義或違反法律的事，因為經營者手潔心清、講究誠信，頗獲輔導公司認同，頓時對我們信心增加不少。

我到證管會去簡報，把我的企業經營理念，也就是我們現在流行說的「願景」，跟評審委員長官們報告，同時也詳細說明我的經營策略，讓他們充分瞭解我們是有心永續經營的企業。

之後正式進入審查，證管會派了三位官員進駐辦公室，三位長官在我們公司待了一整個星期，翻箱倒櫃，嚴格檢查所有的資料，除了參訪公司，還去看了工地，追根究柢問了一籮筐的問題，把我公司裡外的一切細節查了個清清楚楚。所幸我們平常就謹慎行事，證管會查完以後，都給予正面肯定。

從一九八九年開始準備，經過三年，一九九三年，冠德建設成功上市，同一年，我們也搬進和平東路的企業總部。對所有一路並肩作戰的同仁來說，這真的是非凡的時刻，經過多年的耕耘，終於等到開花結果了。

股票上市後，剛開始時股價是三十六元，一度漲到八十五、八十六元過，當時光是一個工地主管分配到的股票，價值足以買下一間房子。

我記得有個主管叫林永添，當股價漲到五十多元時，我跟他說：「阿添啊，你股票先不要賣掉啊。」他說：「不行啊，我太太要我賣股票好買房子。」還有一個很資深的工地主管，我們都管他叫「王桑」，他沒有賣掉公司股票，後來退休以後，光是股息股利，生活費就綽綽有餘。可見得，在公司上市以後，當年一起草創打拚的同仁們，都獲得相當優渥的實質回饋。

當初要求大家忍耐了這麼多年，如今終於能兌現提升大家身價的諾言，我也深感安慰，覺得自己總算沒有食言，真的帶領冠德，從小公司變成貨真價實的「企業」。

股票上市後，除了同仁們身價上漲，還有一個很大的改變，那就是新血的加入。我認為，能夠吸納英才為冠德效力，是公司上市最大的收穫。

我始終相信，「人才」是維持公司永續的關鍵，我從以前到現在，一直都求才若渴，但早年我們想留住高學歷人才，真的非常困難，直到冠德成為上市公司以後，能見度大增，又搬進了嶄新體面的企業總部，有相當優質的辦公環境，徵才才變得比較順利，許多優秀的菁英，都願意在我們公司服務。

對我而言，上市並不是終點，而是另一個起點。從今以後，我們不只要面對員工、消費者，還有廣大的股東，必須更有使命感。

品質與服務並重

當初在上市審查階段，我跟委員們提到我的永久售後服務理念時，許多委員都質疑我：「你提出這種服務，萬一很多年後，房子開始老化，你還要繼續提供服務嗎？而且，這樣難道不會拖垮你公司的財務嗎？」

我回應審查委員說，我覺得，一家企業應該要有社會責任，因此，我對所有買我房子的人，提供兩項保障：第一是安全，第二則是服務。

至於這種承諾會不會拖垮我公司的財政？我敢篤定說：「絕對不會。」

我的把握來自於我對品質的堅持。倘若房子品質不佳，又還要自不量力提供售後服務，那當然會拖垮公司財政；但是我向來要求我的工程同仁，一定要非常嚴格地維持品質，源頭已經把關好，需要服務的比例自然不會太高。

基本上，房子如果蓋得夠嚴謹扎實，除非遇到重大天災人禍，否則五十年內，理應不會出現什麼大毛病；好的房子即便已經開始老化，經過補強後，還是不會有大問題。冠德現在每年大約編列一千萬元（不包括工程人員的人事費用）的預算用做售後服務，很少有透支過。

印象中單筆比較大的服務支出，只有若干年前，文山區「超級市民」社區的漏水整修案。這個案子約莫是一九九七、一九九八年蓋的案子，幾年前，住戶發現地下室有漏水，來找我們處理，那一次整治，大約花了七、八百萬元，幫住戶們處理到好，到現在為止，一切都沒有問題。

還有一個售後服務的案例是信義區的冠德領袖。完工交屋後，發現大理石固定法做得不夠完美，為了安全的緣故，我們主動把全樓大理石拆除重新安裝，耗資四千三百萬元。

或許有人會覺得我們這樣很傻，這房子都賣出去了，有些甚至已經出售這麼久了，還花這麼大成本，盡心盡力幫人家修。但是，我的想法是：消費者花了他一生的積蓄去買了一間房子，懷著成家的夢想去居住，如果你服務沒做好，你怎麼對得起自己的良心呢？從另一個角度來看，透過售後服務，不但可以聽到客戶真實的聲音，這些反饋，可以幫助我們把產品做得更精良，對企業來說，也是良性循環。

若發生非常事件，例如嚴重天災，我們的服務甚至是主動出擊的。一九九九年發生撼動全台的九二一大地震，地震隔天，我還不到八點鐘就進公司關心狀況，想瞭解我們的社區是否有遭受什麼損害。我人才剛要走進辦公室，就看到我們客服部經理鄧明元站在門口，我都還沒開口詢問，他就對我說：「報告董事長，我們已經去巡視完所有的社區了，我們的結構完全沒有問題。」

我一方面為客戶的房子平安無事鬆了口氣，另一方面，也覺得很感動。我們公司的上班時間是八點半，我進公司時還不到八點，鄧經理就已經等在那裡回報檢查結果了。也就是說，同仁們不待我交辦，可能清晨五、六點就已經主動去查了。

我們的同仁在第一時間，主動結合客戶服務部、售後服務部以及結構技師，針對我們所有已經完工的社區，一棟一棟進行結構健檢，確認結構毫髮無傷，只是有些地方有部分龜裂或磁磚剝落，後續我們也花了數百萬元為客戶做修繕，讓他們的家園恢復美觀。因為冠德建設主動積極的服務，事後還有不少社區寄感謝狀、獎牌、獎盃給我們。

雖然冠德的案子順利通過九二一大地震的考驗，但這個天災，讓我們更加謹慎。以前，政府規定建築物要能承受四級地震，當時我們自己的標準是五級；後來，政府的耐震標準提升到了五級，我們則更進一步提升耐震力標準，冠德現在蓋的房子，耐震度都是六級，超越國家標準。

首家引進CRM系統的建商

基於客戶的口碑反應，我相信，冠德建設的售後服務，是台灣建築業中做得最好的。

為了再提升售後服務品質，二〇〇九年，我就引進CRM（Customer Relationship Management，客戶關係管理）系統。這個系統通常是金融業或其他服務業在用的，客戶有任何問題，可以直接撥打0800免付費電話，就能進入CRM系統，我們的客服經理便會立刻把這些問題通知相關的技術人員，與客戶約定好時間，再去進行服務。

如果沒有CRM系統，可能會發生工作人員拖延處理或甚至「吃案」的弊端，但是在這套工具中，所有客訴紀錄都無所遁形，沒有任何推諉空間。我們的承諾是：接獲客戶電話立案後，一小時內回應客戶，四十八小時內完成現場勘查，若非重大問題，則應於七日內完成修繕。

修繕完畢後，再由客服主管進行滿意度調查，以追蹤服務品質。我要求同仁們不但要全力完成客戶的託付，也要講究禮貌與細節，比如說，去人家家裡修東西，從進門到結束告辭，都要彬彬有禮，且要善後到整齊清潔，絕不能把客戶家裡弄得亂七八糟，給人添麻煩。我們的經理事後也會打電話去抽查，若客戶不滿意，就必須重新再處理。

冠德建設每年有兩次考核，考核結果的好壞，跟其中一個月的績效獎金是連動的。考績是A^+，拿一點二個月獎金，A則是一點一個月，B^+表示表現恰好稱職，獎金一個月，B則只能拿到零點九個月，若到C，已經是表現不佳，不只是沒有獎金，甚至還要檢討這位員工的去留問題。

我們把售後服務的客戶滿意度，也列入年終考核紀錄，如此服務人員就會戰戰兢兢、不敢怠慢。

一條龍作業

許多建設公司都只把重心放在土地開發，其他作業則是外包，如此人力便可以極精簡，而冠德建設則是「一條龍作業」，從土地開發、產品定位、營造建設、業務銷售到客戶服務這一整個系列，幾乎都是親力親為。

以銷售為例，許多建設公司都會把銷售外包給代銷公司做，而冠德則通常是自己來銷售。

代銷公司請來做銷售的臨時人員，俗稱「跑單小姐」，意思是「跑單幫的銷售人員」。過去，「跑單小姐」做銷售，有些人為了達成業績，話術會比較誇張，或者對客戶做一些不實承諾。

比方說，為了刺激購買意願，有些「跑單小姐」可能會告訴客戶，說這裡未來會有重要的公共建設，但她口中的那個計畫，也許根本還沒有拍板定案；又或者信口開河描述房屋條件，說樓高會有三米五之類的。現在這種情況已經改善很多，但是在九〇年代時，跑單小姐為了業績不擇手段的情況很普遍。對許多跑單小姐而言，她們只是來賺錢，根本不會考慮到客戶的實質利益或公司形象。

冠德有自己的銷售團隊，他們是公司的一份子，對公司的堅持瞭若指掌。但我們在推案尖峰期，人力若是不足，我們的確也會找一些臨時銷售人員來支援。

但我們跟其他業者的最大差別是：我們會給予這些臨時銷售人員完整的教育訓練，強調我們公司品質服務至上，以及誠信營運的企業文化，並訂出嚴謹的SOP（標準作業流程）以及完備的合約規範，避免臨時銷售人員為了搶業績，對客戶做出誇大承諾或損害到公司商譽。若被客戶投訴有任何違背公司規定的地方，經確認無誤，立刻解除合作關係，永不錄用。

正因為我們對客戶以及商譽的重視，若一定要採用「跑單小姐」，我們會與一批受過完整訓練、且能認同冠德核心價值的臨時雇員維持長期的合作關係，以確保銷售人員的素質。

自己把關營造品質

不僅銷售如此，我們在營造上，也成立子公司根基營造自己包辦。過去冠德還小的時候，沒有實力可以自己蓋房子，營造部分都要發包出去，管理比較困難。但儘管如此，我們仍盡我們所能做品質把關，基礎管理、施工管理還是掌握在我們自己的工務部，我們當時都是發小包，把營建項目切割成不同細項，逐項個別委外，找適合的廠商來做。

發小包雖然繁複了點，但是對還未具營造能力的小公司而言，一來相對節省成本，二來也較能確保建材品質。如果發大包（委託一間大營造廠統籌管理），營造廠固然會把你所需用的鋼筋、水泥、大理石、磁磚等建材，全部負責購置並完成建築，但建商為了要增厚自己的利潤，有可能會盡量壓低成本，我們希望他用A級建材，他們會討價還價，希望採用B級就好。

但是，發小包牽涉到很繁雜的項目與成本管理，要有專責的工務單位執行。

冠德草創早期，我們根本不瞭解蓋房子每一坪大概需要多少成本，都是請建築師先估一個預算給我們，我們再去發包。我自己對建築的程序瞭若指掌，但是問到每一細項的成本，就沒有這麼內行了。

我一直覺得，我們有必要成立工務單位，但是，我們當時規模太小，對人才的要求卻很多，雖然有登報徵才，卻遲遲找不到適當的人選。後來經過朋友介紹，說有一位王燕山先生，不但專業扎實，而且品德操守很好，很適合當工地主任。

當時，王先生在做西門町某工地的案子，那個案子已經在收尾階段，我特地去看了，的確做得很不錯，便希望他來冠德上班。

王先生之前本來都是在類似「一案公司」的建商工作，工程結束後，公司股東分錢散夥，他又得重新找工作，加上他本人也很不認同某些建商為了降低成本，罔顧品質的態度，所以他一直很想找一家理念相符，又能穩定工作的公司。因為理念相符，我們一拍即合，一九八二年，他成為冠德建設第一位工務人員，我們都尊稱他為「王桑」。

王桑的施工經驗豐富，能夠計算出每一細項的成本，而且，他的性格非常仔細認真。在工地裡，工安問題是最要緊的，他做事情很嚴謹，不但降低了發生工安危機的風險；而且，他是個非常注重細節的人，如果看到哪個地方沒做好，可是會當場叫工人用榔頭敲開，重新再做的。

他很認同冠德的核心價值，完全可以理解並執行我品質至上的理念，這麼多年來，我一直很感謝且尊重他。

一九八二年，根基營造從冠德獨立出去，正式成立，一步一步，慢慢茁壯成為一家股票上市營造廠。

少數掛牌上市的營造廠

根基營造從成立、上市乃至今日，獲得的營造相關獎項，大大小小，難計其數，因為它與冠德建設的理念是一脈相承的，一樣把誠信與品質奉為最高指導原則。製造業申請ＩＳＯ（國際標準組織）認證的很多，不過，在營建業則比較少見，但早在一九九五年，根基營造就獲得國家品質認證ISO9002，是台灣第二家通過ISO9002之營造廠，且多次獲得內政部營建署優良營造廠殊榮，二〇〇〇年，就正式掛牌上市。

在營造廠中，根基營造是少數掛牌上市的公司。營造廠掛牌上市不多的原因有二：第一，易受景氣波動衝擊，很難永續經營；第二，人才容易出現斷層，因為景氣緣故，案量不穩，很難維持穩定的營業動能去培訓人才。但我仍然堅持要讓根基營造上市，我認為，只有上市，讓大眾來監督它，公司才會愈來愈好，同時，也才能吸引好的人才。

記得根基營造當年申請上市的過程中，還發生了一個小插曲。我去證管會做簡報，簡報到一半，突然電腦當機，所有畫面都沒有了，我當下很鎮定地笑說：「看起來電腦不如人腦可靠啊。」其他經營者大概會等資訊人員來把電腦問題搞定以後，再繼續簡報吧，但我真的很用心經營我的公司，對所有項目、業績都瞭若指掌，每一個數據、每一個細節我都記得清清楚楚，於是，就在沒有電腦檔案輔助的情況下，繼續做簡報，說來也巧，我講完以後，剛好電腦就恢復正常了。

因為這個「臨場發揮」，證管會的評審委員長官們都對我印象深刻，充分瞭解我經營根基營造的投入與決心，因此，根基營造上市過程算是相當順利。

根基營造大約有近一半的案量來自冠德，因此受景氣衝擊較小。但我也不希望根基營造完全只依賴冠德，如此會失去競爭力，也要求他們要出去承攬業務。除了住宅以外，根基也承攬各項土木、橋梁、公共工程、高級精密廠房等。因為根基營造的營建品質很好，在市場上也頗有口碑，從財務報表上看來，出去承攬的獲利，還比做母公司冠德建設的案子更好。

從只有一個人的工務部開始發展，如今，根基營造已經是擁有三百五十名優秀工程同仁、股票上市的專業營造廠。

當年宣布冠德要以上市為目標時，同仁曾戲說「醜小鴨也想變天鵝」，但我一直深信，我們不只是一家「小公司」而已，我們一定有機會可以蛻變成「企業」。如今，總算不辜負我對同仁的諾言，不但冠德跟根基都成為上市公司，我們後來更多角化經營，成立了環球購物中心。

只是這一路走來，並不容易。在這三十幾年間，冠德也面臨過好幾次危機，並經過三次轉型，才走到今天的局面，這一切，並不容易。幸而冠德擁有合作無間、努力打拚的團隊，才能夠歷經起伏後，仍能屹立不搖。

第九章

風雨同舟，勇度難關

我的決定是：堅持下去。
保留下來，可以是無限大，
而放棄，就只是零。

一家企業，
絕不能只是在順遂時拚命衝鋒，
還要未雨綢繆，
為時局反轉時預做準備。
變局絕非壞事，
只是另一堂珍貴的課程，
會讓我們更堅強。

從我創業至今三十餘年來，二〇〇〇年這一年，對我個人或冠德建設來說，應該是最難熬的一年。

二〇〇〇年，陳水扁選上總統，台灣出現史無前例的政黨輪替，在政治上，這固然掀開了可喜的民主新頁；但對於產業界來說，卻無異是投下一枚不確定的震撼彈。而且，那一年，又適逢全球資通產業（ICT）產業泡沫化，景氣急轉直下，台灣經濟與股市，來到了嚴峻的寒冬。

根據主計處的數據，光是二〇〇〇年關廠歇業的廠商家數就高達四千九百九十五家，失業率也創下過去歷史新高。而股市，更是哀鴻遍野，營建業向來對景氣極為敏感，所有營建股的股價，就像溜滑梯一樣整個崩跌下來。

冠德建設上市掛牌時的股價，是三十六元，大約一、兩年就漲到八十六元，但二〇〇〇年卻跟其他營建股一樣，通通變成水餃股，一路下殺到僅剩五、六元。

我自己個人，當時也出了一點財務狀況。說起來有一點不光彩，但我必須坦承，之前在景氣很好的時候，我做了一些不是很恰當的私人投資，而且把很多個人持股都拿去抵押了；景氣轉壞後，銀行經常催著我們要繳款，我私人財務幸賴我內人大刀闊斧處理，儘管當時股價跌得很深，但她還是忍痛賣了股票把錢還給銀行，解決這個問題。

我太太是很理性的女性，雖然家裡財務出現巨大漏洞，但她並沒有氣急敗壞找我吵架，只是淡淡用一句台灣諺語回應我：「還了債，起了家。」這句諺語的意思是，只有把債務還清，之後才有可能把家業重建起來。

於是，她便實事求是地把股票乾脆賣掉，還清欠銀行的錢，總共大概賣掉我個人百分之七左右的股票，雖然損失慘重，但至少我們夫妻同心，解決了這個頗棘手的財務問題。這對我來說，也是個珍貴的教訓，後來我做任何投資都非常謹慎，再也沒有把股票拿去抵押做高風險投資。

二〇〇〇年，不但我個人遭受嚴重的財務損失，在公司部分，因為房地產急凍，也面臨極為嚴峻的考驗。從二〇〇〇年起，一直到二〇〇三年SARS風暴過去以後，整個景氣才回轉。

從二〇〇〇年到二〇〇二年那三年，是我創業以來，面臨過最嚴峻的挑戰。

那段時間真的很難熬，我衷心感謝我的太太，接手處理我私人的財務問題，讓我免於內外交煎，能把心力全都放在公事上，帶領公司熬過這個難關。

時機險峻，銀行雨天收傘

我一九九九年到台大去讀EMBA，學到一個非常重要的經營觀念，那就是：健康的資金流量（cash flow），是企業經營的命脈。

基本上，企業一時的賺錢或虧本，都不會即刻影響企業的存亡。比如說，企業正在執行好幾個案子，就算其中一個案子虧錢，但其他案子有進帳可彌補，資金流動正常，就不會構成很大的問題；但只要資金流動出狀況，只出不進，或是急需要錢時卻補不進來，麻煩就大了。

我常說，資金的流動，就好像我們身體裡有很多血管，只要血流正常，人就能好好活著，但只要血流有問題，馬上就會損及健康甚至致命。

企業經營也是一樣的。二〇〇〇年前後大約三年左右時間，很多建設公司都是所謂的「黑字倒閉」，什麼叫做「黑字倒閉」呢？意思是說，這些公司帳面上可能有利潤，也有資產，但是卻缺乏資金，無法清償債務，又不能啟動生產，導致週轉不靈而倒閉。當時因為景氣急轉直下，不少公司面對這個猝不及防的變局，變現能力不夠，來不及週轉到資金，即使帳上明明是黑字，本業也沒有獲利不佳，但仍不得不宣告破產倒閉。

這些黑字倒閉的公司，還有好幾家是頗有名氣的上市公司，都是因為現金流量出狀況而被迫離開市場。

冠德建設當時大概都是預作兩到三年的資金流量規劃，二〇〇〇年時，我們的資金流動其實還算健全，但是那時候因為大環境很差，倒閉的公司實在太多了，銀行也怕借出去的資金收不回，就緊縮借給企業的額度或時間。

比如說，我們那時候曾發過五年的公司債，按理說，到五年期滿再還就可以，但是銀行當初借錢時，就有增添一個附加條款：滿兩年時，就有權可以把債權收回去。二〇〇〇年，市場突然變得險惡，銀行雨天收傘，決定提前召回資金，把公司債的資金，先收回百分之四十再說，免得到時候萬一出問題會被連累。

做為一個經營者，我可以理解，銀行的措施是也是為了避險，但這對冠德建設來說，卻造成很大的壓力。

我們是建設公司，想要取得資金，就得賣房子，可是當時景氣蕭條，房市非常低迷，我們迫不得已，只好忍痛降價賣屋。除了降價求售，我們那三年更啟動「全員銷售」計畫，不只是業務要承擔賣屋責任，就連財務部門、規劃部門，週末也都要到工地去支援。

因為週末才是民眾看房的黃金時機，絕對不能錯過，因此，我強力要求我們公司的業務副總經理，週末都要去現場坐陣。當然，我自己更是以身作則，假日都會到現場督軍。

我經常勉勵同仁，當景氣好處順境時，每個人都會賣房子，但是，在那種情況下，反而學不到什麼經驗；如果在艱苦的逆境中，你還能有辦法能把房子賣掉，那你才是真正的高竿。

那幾年，很多公司都減薪裁員，但我們倒是沒這麼做。而我們的團隊也真的很可愛，同仁們都很願意共體時艱，沒有人臨陣脫逃，大家風雨同舟，一起度過這患難，全員皆兵努力把房子賣掉，回收資金用來應付銀行抽銀根的挑戰。

值得慶幸的是，因為冠德蓋的房子品質向來精緻，口碑很好，加上又有好的售後服務，在低迷的房市中，仍能贏得不少客戶信賴，還賣得動。如果我們之前沒有累積這些無形資產，在那個風雲變色的時期，恐怕就面臨更嚴峻的挑戰。

生死交關，爭取延長貸款

除了全員銷售賣房子，我們也盡全力爭取銀行的支持。

二〇〇二年時，我們有一個十二億元的貸款案到期了，如果沒有很充分的理由，銀行就要準時回收了，可是我們當時把這筆錢都投入「中和冠德快意居」這個大型開發案，估計大約還要一年左右才能完工交屋，把錢收回歸還銀行。

當時我們公司掌管財務的總經理陳榮太，他現在已經屆齡退休，他來冠德以前是在銀行業服務，在這個資金調度的難關上，扮演很重要的角色。

當時貸這筆款項的銀行是兆豐銀行。我帶著陳總經理與其他財務主管去銀行做簡報，目的是要說服銀行，再給我們延一年，屆時我們就可以把工程完工交屋，把十二億元一毛都不少地還給銀行。

「中和冠德快意居」其實已經預售了百分之八十以上，我自己推估，根本不用一年，大概再半年左右，應該就可以順利拿到資金還給銀行。

跟銀行開會時，銀行端有兩派意見，一派支持延長貸款償還期，另一派則主張要趕緊收回以免被倒帳。雖然我們冠德一直以來都是模範生，但當時已經有兩、三家上市建設公司倒掉了，銀行是很保守的機構，反對派就是怕萬一利息賺不到，還虧了本金，那怎麼辦？所以有一派便主張要趕緊回收。

為了讓銀行瞭解我們冠德是有實力償還貸款的公司，我準備了非常齊全的資料、報表，把那些預售的契約通通攤給他們看，跟銀行解釋，說你們借給我的錢，就是為了投進這個建設，目前已經八成賣掉了，絕對可以順利還款。

我們的財務陳總經理，他是銀行出身的專業經理人，他很清楚跟銀行打交道的「語言」，充分發揮談判斡旋的本事。我看原本反對的行員們，似乎都有一點動搖，只是擔心我們提供的資料不知是真是假，我斬釘截鐵跟會議主席保證：「我提供的這些資料，絕對都是真的，你們可以去抽查，或甚至逐筆去確認，如果有任何一筆資料是做假的，你們可以立刻停止貸款。」

我很坦率地說：「冠德能不能活下去，都看各位的決定。只要你給我半年的時間，我保證你們會收到錢，並保住一家很好的企業；但如果你們抽掉銀根，我們勢必就只能消失了。」

記得那天是下午四點多進入兆豐，一直談判到六點。開完會，他們要我們先留在會議室不要離開，他們去另一間討論，之後會告訴我們結果。

這個場景，還真是似曾相識。創業前，我在當專業經理人時，為了蓋IBM大樓，跟土地銀行請求貸款時，也遇過類似的局面，銀行也要我等他們討論完再做決定，當時氣氛也很緊繃。但那一次，就算談不成，我還可以找下一家。而這次，冠德可是處於生死存亡的邊緣，壓力比那一次大太多了。

畢竟時局不好，我真的無法確定銀行最後到底會不會同意延長，如果他們反對，冠德恐怕就只好退出市場了，在等候那段時間，我們心裡都很忐忑。等了一會兒，總算等到主席回來，說他們一致同意延長一年，我們這才鬆了一口氣。

這大概是冠德創立以來最驚險的危機，我真的很感謝兆豐銀行當年沒有抽我們銀根，否則，說不定冠德已經不在了。

而後來的發展，也如同我所推估的，我們其實不需要一年就可以解決這個問題，大概才半年左右，就把錢還清了，我們當初對銀行的承諾，絕對言而有信。

堅持重建，不做敗軍之將

而那三年，不只是冠德經營得很辛苦，子公司根基營造的壓力也很大。

根基營造二〇〇〇年股票剛上市時，業績多半還是靠母公司冠德，但我覺得這樣競爭力不夠，便訂下一個目標：百分之五十的業績必須由根基營造自己開發。當時的總經理表示，若是這樣，我們一定要跨足土木工程，他找來一個協理，組了一個團隊，第一個標案做得還不錯，但第二個標案，卻讓根基陷入泥淖。

根基當時標下了一個彰化西濱快速道路的工程，還沒簽約時，我聽完簡報，這案子工期要四、五年，但利潤只有一點點，風險實在太高了，我說：「這案子不能做，應該放棄。」但這協理一心求表現，竟然還是把合約簽了回來，無奈之下，只好做下去。

因為影響公共工程的因素很複雜，營造廠在採購建材時，通常不會一口氣購足，而是分批購買。起初鋼筋是一噸八千元，當時只買了一部分，但等到我們正式要用時，鋼筋價格卻從八千元暴漲到兩萬元，換句話說，每用一萬噸鋼筋，就要多付出一億兩千萬元代價，而那個工程要用五萬噸鋼筋，光是這單項建材的成本，就結結實實增加了六億元。

雪上加霜的是，這個案子的管理嚴重失當，人員流動很大，甚至還聽聞有盜用物資的弊端。當時的總經理南下勘查了兩次以後，回來跟我引咎辭職，說他也沒有能力收拾殘局，我便決定親自南下去瞭解問題，情況果然棘手，管理跟工序都亂無章法，簡直難以置信這是系出冠德相關事業的水準，加上鋼筋的成本暴增，這個工程幾乎把根基營造的資本都虧光了。

我當時有兩個選擇，第一是認賠殺出，不收這爛攤子了，讓根基營造走入歷史；第二則是想辦法繼續完成工程，但這勢必會讓我們賠更多的錢。當時冠德內部也有聲音說，以後不要再做營造廠了，這種無底洞一般的虧法，實在是太可怕了。

但我的決定是：堅持下去。我認為，只要管理得當，營造廠絕不是不能做的生意，保留下來，可以是無限大，而放棄，就只是零。

我告訴自己，絕對不能讓根基營造垮掉，不能讓根基的同仁四散出去找工作時，還得背上「前倒閉公司員工」的汙名，我一定要重建根基，讓我們的同仁站出來都很有面子。

既然知道是管理的問題，那就對症下藥。我當機立斷派了一位副總林石總做統籌規劃，並改由一個優秀的工程師陳俊明接手執行工作。陳俊明是交大工程研究所的高材生，當時進公司才三年多，他很有膽識，臨危授命馬上就親赴現場救火，把工序和作業方式全都重新安排得井井有條，而且此人EQ很高，對於管理工人很有一套，跟外勞們也都相處得很好，不多時，原本混亂的局面就穩住了。

公路局406工程處湯處長之前對我們的施工狀況憂心不已，直到陳俊明接管以後才放下心中大石，還跟我抱怨：「你為什麼不早點派這人（陳俊明）過來？」

這個挫敗給了我一個很大的教訓，經營者固然要充分授權，但也絕對不能參與不足。為了確保工程進度，我自己本人也是每週末就一大早南下參與此案工程管理，早晨六點半就出發，到那裡約七點半，八點上班前我就抵達現場跟他們開會。

雖然處境艱難，但我們的原則就是：品質絕對不打折扣，儘管必須增加鉅額成本，但我絕對不會改用次級材料，或在工程品質上粗製濫造、偷工減料。這個案子，前後一共讓公司賠了約七億元，但事實證明，我們的堅持是值得的。

西濱快速道路工程完工後，交通部派人去現場驗收，驗收官看了都忍不住驚豔讚歎：「你這品質，簡直是高速公路的標準啊！」不但順利驗收過關，後來還榮獲獎項肯定。

能夠在面臨艱難考驗時，還能堅守我們的核心價值，做出高水準品質的工程，我相信對所有參與的同仁來說，絕對是段值得自豪的經歷；如果我們當時輕言放棄，我們就只是一群灰頭土臉的敗軍之將而已。

珍貴的一課

對冠德集團來說，從二〇〇〇年到二〇〇二年這三年，實在是極為煎熬的一段時間，我常激勵同仁，我們都在同一條船上，我是船長，現在遇到驚濤駭浪，我相信我有能力把大家帶到安全的地方，但是要靠所有人努力，一起堅持下去。我很感謝我們的團隊願意信任我，上下一心熬過這痛苦的三年。

如今回過頭來看，那三年的考驗，對冠德來說，未嘗不是一件好事。因為曾經遭遇危機，給我很大的警惕，一家企業，絕不能只是在順遂時拚命衝鋒，還要未雨綢繆，為時局反轉時預做準備。

就好像那句名言：「殺不死我的，使我更強大。」對於冠德或根基來說，變局絕非壞事，只是另一堂珍貴的課程，會讓我們更堅強。

過去冠德集團的資金流量規劃都只做兩到三年，現在我們都做五年，根據我們的發展現況以及預測，衡量哪一年該賺多少錢，哪一年需要補進資金，且每一季都會重新檢討，以確保企業能穩健經營。

我們現在企業體質比過去更健康，這都是拜那三年的教訓所賜。二〇〇八年，發生金融海嘯，許多企業受到嚴重衝擊，但是對於冠德企業來說，則幾乎沒有什麼影響，我們二〇〇八年還是照樣賺錢。

二〇〇九年時，中國大陸知名建設公司萬科集團董事長王石先生，派他的策略長跟財務長來拜訪我，他們問我說：「我們老闆想請教馬董，您覺得經營企業最要緊的環節是什麼？」我回答，王董事長本身是非常精明幹練的企業領袖，我只有一件事可以分享，那就是在公司經營管理過程中，一定要把「資金流量」掌握好，才能很安心拓展事業。

其實現在房市景氣又在反轉了，房地產又開始變得不那麼好，但是我準備了五年的資金流量，心裡是踏實篤定的。若不是有那三年寒徹骨的經驗，我想現在也不會這麼走得這麼穩健。

而一度陷入難關、元氣大傷的根基營造，花了整整三年重新改造，已經再度恢復活力，如今是一支擁有三百八十位優秀工程師的勁旅，業績蒸蒸日上。

從公司基層做起的總經理黃慧仁，對每一個標案都很審慎，而且，他非常重視人才訓練，除了透過師徒制做專業傳承，每年還會遴選兩位優秀工程師去台大土木營建管理研究所深造，由公司補助一大部分學雜費，以期能夠掌握最新的營造專業。從績效來看，根基營造在諸多營造廠中，無論是技術水準、獲利、口碑都處於領先地位。

根基在創新與先進技術上，力求突破。從二〇〇九年開始，負責國家同步幅射研究中心光子源同步加速器興建工程，這個案子難度極高，一般土木工程可以忍受一公尺以內的誤差，而建築工程，則可以忍受若干公分的誤差，但是光子源這個案子，是不允許有任何誤差的。當初建築師規劃設計時，推薦了幾家技術實力比較強的營造廠，但絕大多數營造廠一聽到光子源要求這麼嚴格，就決定退出了。

當初根基決定要承接這個案子之前，黃總經理就來向我報告，說若要做這個案子，起碼要虧五千萬元。但我認為，做這種高科技土木工程對根基來說，絕對是個里程碑，我們可以學習到很多寶貴經驗，躋身為頂尖營造廠。如今的根基體質健全、實力雄厚，早已不是當年那個命懸一線的營造廠了，這一點學費，我們繳得起。於是我便跟黃總說：「你儘管放手去做，就算虧本五千萬元以上也要做。」

在做光子源時，兩百公尺的圓盤建築要放樣，因為要求要零誤差，我們是採用GPS技術去放樣的，這在台灣建築業，應該是首開先例，對根基的團隊來說，也是一個操練、證明技術實力的好機會。

接這個案子對我們來說，除了「提升競爭力」以外，還有一個「為國貢獻」的意義。

光子源是台灣有史以來規模最大的跨領域共用研究平台，提供世界上亮度最高的同步加速器光源，可開創嶄新實驗技術、拓展科學研究領域，帶動科學研究發展，並協助高科技工業進行產品研發與製程優化。說不定因為光子源，未來就有一個諾貝爾獎得主會在台灣誕生，又或者可以幫助台灣找到下一個明星產業。

年輕時還在做軍官的時候，我滿腦子報國思想，這種心情，到我擔任專業經理人或經營企業以後，還是沒有改變。如果未來光子源真能為國家贏得榮譽或為國家找到出路，我們根基營造也算曾盡過一點棉薄之力，對我來說，這真是非常光榮的事情。

第十章

跨足服務業，打造環球購物中心

我肯花大錢買know how，
是因為我寧願一次把該花的「學費」繳完，
也不要年復一年無頭蒼蠅似地虧錢，
到最後進退維谷，
收也不是，
做也不是，
陷入惡性循環。

在冠德集團的事業版圖中，環球購物中心，是很獨特的一塊。

一九九六年，我們花了三十億元，在中和買了一塊約一萬坪的工業用地，它的位置在中和中心點，當初購買這塊地，原本是打算蓋工業廠房，再出售給想開工廠的中小企業客戶。

沒想到產業瞬息萬變，到了二〇〇一年時，很多中小型企業都外移到中國大陸設廠，如果還是維持原先的計畫做工業廠房，恐怕銷售會遭遇一些困難。

我跟同仁開會溝通意見時，大家的意見分為兩派，一派是維持原議蓋工業廠房，另一派則主張，既然我們持有這麼大面積土地，且又位於中和核心位置，不妨考慮做轉型，不要蓋廠房，另做其他用途。

考量到產業外移，工業廠房買氣不旺，可能要拖個三、五年甚至以上才能賣完，把錢收回來，可能會造成資金壓力，我認為轉型的建議是比較明智的。

我跟我太太討論，她說：「你不是一直想轉型或從建築業跨足其他領域嗎？你如果繼續蓋工業廠房，還是在走建設公司賣房子的老路線，沒有轉型意義。土地在台灣，長期仍是看漲的，你為何不繼續持有土地，把握這個機會，嘗試轉型去做其他產業。」

的確，從主客觀條件來看，轉型的確是個可行的方向，只是轉型茲事體大，做為企業經營者，必須要謹慎選擇路線。

當時，台灣只有兩種產業可以做，一種是科技業，另一種是服務業。科技業實在離我們所長太遠，服務業可能比較接近我們的專業。至於服務業的種類，大坪數的商場類型中，百貨公司已經相當飽和，恐怕不宜介入，或許做購物中心，是個還不錯的選項。

記取在商用住宅摔跤的教訓

為了做環球購物中心，我深思熟慮甚久，下了非常深的工夫。

之所以會對從事商業格外小心，是因為曾在一個跟商業有關的建案裡吃過虧。

一九九四年以前，我們都是在台北市「蛋黃區」（核心地段）蓋房子，這些個案都很成功，蓋好以後馬上就能賣掉，且深受客戶肯定；不過，因為市中心區土地愈來愈稀有，公司便開始尋找台北市「蛋黃區」外圍的土地。

一九九四年，我們在木柵區興隆路旁找到一塊土地，大約有四、五百坪，這個面積比我們能在「蛋黃區」找到的土地大了三倍左右，一樓可以蓋商場，二樓以上可以做住宅。

在那之前，我們冠德做的都是「純住宅」，必須坦言，我們對商用住宅的專業知識是不足的。通常，商業區都是沿著馬路切割成一小家一小家的店面，但我們當時不瞭解商用住宅的市場，只是單純覺得，為什麼不能乾脆把一樓化零為整，做成一整個三百多坪的大商場呢？

這個決定，讓這個建案日後的銷售陷入窘境。因為大坪數商場偏離了市場的主流需求，蓋好以後，樓上的房子通通賣掉了，但是一樓卻怎麼樣也賣不掉。且因為台灣門牌管理政策的緣故，我們也不能把這商場再切割成小單位出售，就這樣被「套牢」了。

好不容易等了三、四年，終於出現一個買主。對方是一家金融機構，其實，他們原本只需要一百五十坪，而我們那個商場有三百多坪，遠超出對方所需，但我們等了這麼多年，好不容易才等到這麼一個買主，若是錯過，恐怕又得拖上幾年，最後忍痛決定虧本賣給對方，算是認賠殺出。

那個案子一共虧了上億元，後來我們檢討原因，結論是我們對商業活動的專業不足，以致偏離了市場需求。

但這個「學費」並未白繳，未來我們遇到商場跟住宅的個案，都會記取教訓特別謹慎，絕對不敢閉著眼睛瞎矇，找建築師把圖畫一畫就開始蓋房子。

而二〇〇六年，我們不只是要跨出台北市「蓋商用住宅」而已，我們甚至於要「經營」它，難度提高了好幾倍，我簡直是如履薄冰，絕不允許自己重蹈失敗覆轍。

不惜斥鉅資買know how

在此之前，我們做的都是建築，根本不懂做購物中心的know how，我認為，在投資以前，應該知己知彼，先瞭解這個市場的現況，以及產業內的成員有哪些。於是，我便帶領同仁把全台灣大大小小的購物中心、百貨公司，做了一個地毯式的調查，赫然發現，當時台灣所有購物中心，竟然都沒有賺錢的個案。

知名者如桃園台茂、台中老虎城、京華城等，當時營運都非常辛苦。根據市場研究，在台灣做購物中心應有可為，但大家卻都在虧本，這到底是什麼緣故呢？仔細研究原因，發現極有可能是缺乏經營know how。

這給我們一個很大的警惕：方向即使沒錯，若我們無法掌握know how就貿然去做，恐怕也難逃虧本一途，甚至可能輸得一敗塗地。

那麼，要上哪裡去找know how呢？既然國內沒有已經成功的案例可參考，我們應該去看看國外的購物中心。

我們先去美國考察，他們平均十五到二十萬人口就有一座購物中心，是購物中心發展得最成熟的國家；之後，我又去了澳洲，他們的購物中心則比較像歐洲購物中心的風格，這些購物中心雖然都不錯，但我總覺得不太適合台灣的民情文化。

於是，我們將目標轉往亞洲，亞洲購物中心的指標有兩個國家：日本跟新加坡。我先去新加坡看了兩個大型購物中心，純就一個顧客的角度來感覺，我覺得動線似乎不是很流暢。不過，我們還是先委託我們找的顧問公司仲量聯行，幫我們推薦一家新加坡管理顧問公司，為我們提出一些規劃建議。

對方提出的設計，我不太能接受。按理說，購物中心的一樓到三樓，是比較有人潮的，但他規劃的設計，竟然從一樓手扶梯就直接拉到四樓，我覺得這樣很突兀，對方卻相當堅持他的設計，因為無法取得共識，我便說，不然我們找兩個團隊提案，兩案比較分析，雙方提案人可以公開討論，最後再做決定。但對方表示，若我堅持這麼做，他就退出。

對冠德來說，等於是要踏入一個全新的陌生領域，我當然會戒慎恐懼，若連這樣的請求都無法接受，我實在無法信任這個專案，所以找新加坡顧問公司這件事就破局了。

幾經周折，我們最後找上了日本永旺（Aeon）集團。永旺集團在日本有將近三十個購物中心，我仔細看過他們每一代的購物中心，他的規劃設計跟軟體管理都做得不錯。台灣因為特殊的歷史因素，老一輩的人對日本文化頗感親切，而年輕一代的消費者，也對日本文化很有高度好感，我心想，或許我們走日式的購物中心路線，勝出的機率會比較高。

我們跟永旺的常務董事談過以後，發現台灣購物中心之所以失敗，經常是因為動線安排得不好，業者就是找一塊基地，請建築師來規劃設計一下就開業了，但卻未考慮到動線是否能吻合消費者的偏好。為了取得動線規劃的know how，幾經協商還價，我們一開始就花了八千萬日圓。

後來，跟永旺株式會社的社長川戶義晴談，他說：「馬桑，你現在基地很好，動線很好，但你覺得是否單純買一個動線就夠了？」

我問他：「那你的建議呢？」川戶社長說：「台灣業者經常認為，只要有基地、有店面就可以開張了，他們喜歡用豪華的大理石妝點門面，但這未必有意義。消費者第一次去，或許會被這購物中心的外觀震懾，第二次去，可能還有一點感覺，第三次去，就根本不會注意了。購物中心的門面並不是最重要的事，內部的高度、空間、燈光、服務軟體、商品組合，才是購物中心成敗的關鍵，消費者到購物中心，是為了買東西，不是為了看你的大理石，你千萬不要犯這個錯。」

我回去思考了很久，最後決定，不只是買動線的know how而已，而是把他們經營購物中心的全套know how，從規劃設計、店鋪組合，乃至於管理規章以及所有服務人員的訓練，全部買下來。

這筆交易的代價相當可觀，一共花了冠德三億五千萬日圓。

雖然這意味著我們可能得多賠幾年才能賺回這筆成本，但我認為這筆錢應該花。永旺是日本第一大購物中心的經營推手，他們的購物中心非常賺錢，這些知識，是經過長年情報累積以及消費者研究所得到的結論；而我們，是初入這個市場的新手，我們不能手無寸鐵就莽撞去跟人瞎玩瞎賠，一定要謀定而後動。

從工業區變成商業區

有了know how還不夠，我們這塊土地屬於工業區，我們必須要變更為商業用途，才能蓋購物中心。

要變更用途雖然有法令可循，但當時在台北縣沒有什麼先例可援，有人跟我說，像我們這種外行人，要申請通過，恐怕要花三、四年。

為了瞭解狀況，我去拜會了當時的台北縣（即現在的新北市）縣長蘇貞昌，跟他請教該怎麼做。我說我只有一個希望，我已經跟日本人簽好協議了，我們現在想蓋購物中心，希望能依法處理，我馬某人絕對不做任何違法的事情，只是希望可以快點，不要經年累月地擺著拖著。

蘇貞昌縣長是個豪邁且關心市政的人，他聽了我的陳情便笑說：「馬董事長，我們過去素不相識，我想你也不會投票給我，但是我很支持你到我們台北縣來做購物中心，不然我們台北縣民賺了錢都跑到台北市消費，都沒有貢獻回台北縣。」

從工業區要變成商業區，我們必須提供百分之三十的土地回饋用做馬路、公園等公共建設，此外，也必須逐年攤提繳交回饋金給台北縣政府。對此我完全沒有意見，我一直覺得，經營企業要有社會責任、要對社區友善，要提供土地做公共建設，我十分樂意。

蘇縣長找了當時的副縣長林錫耀、吳澤成來，要他們來協助我。我們公司則與顧問公司一起組了個團隊，由我擔任領隊，隨時與審查委員們溝通，前後大概花了十一個月，終於完成變更，之後報到內政部營建署，審核通過，總算走完法律程序，可以開始進行規劃設計。

我罰得起，但不願丟人！

永旺集團跟我們租賃了購物中心地下一樓後半部約六千多坪，讓旗下的JUSTCO超市進駐。他的條件設定很嚴格，要求我們在二〇〇五年八月三十一日以前，一定要取得使用執照，好讓他進去規劃裝潢；如果無法如期取得使用執照，每天要罰新台幣十萬元。

為了達成跟永旺的協議，我們整個團隊拚命趕工趕件，誰知道，就在八月三十一日要取得執照的那一天，竟然碰到颱風攪局，宣布下午停班停課。那一天是週五，若不能順利取得執照，就得再拖一個週末，而我們就要被永旺罰款。

三億多日圓的know how我們都面不改色買單了，區區數十萬台幣罰款，我們豈會繳不出來？但我個人完全無法接受，我覺得被日本人罰我們錢，實在丟人現眼，太沒面子了！

我火速趕到台北縣政府去找吳副縣長，跟他說我今天一定要取得執照，不然日本人每天都要罰我錢。罰錢乃是其次，即使讓他罰一百萬、兩百萬元，我們冠德也付得起，但是我覺得丟人：「不只是我丟人，對台北縣政府來說，也很丟人，讓日本人說你們行政效率不佳。」我誠懇保證：「我可以把團隊有關人員帶到市府辦公室外頭來待命，你們需要補什麼件，我們立刻配合趕給你們，唯一的請求就是希望能讓我們如期取得執照。」

環球購物中心的案子對於台北縣來說，是個很重要的案子，對於帶動當地的繁榮，相信應有不少貢獻。吳副縣長就打電話給使用執照科，請對方務必加班，盡可能幫我們趕出來。在大家全力幫忙下，快到傍晚六點時，終於趕出來送到機要司等著蓋上大印正式生效，到晚上十點鐘，我們終於有驚無險取得證照，及時趕上最後期限，我們團隊總算鬆了一口氣，大家一起到縣政府福利社喝啤酒慶功。

在蓋環球購物中心的過程中，得到許多很優秀的公務員鼎力相助，我內心真的十分感謝，而且他們為官都很清正，是為縣民福祉著想、認真做事的人。環球購物中心開幕後，我知道吳副縣長喜歡打球，特地送了吳副縣長一盒球，他正色說：「馬董事長，這裡頭只能是一盒球，可不能有別的東西噢。」我笑說：「您放心，絕對不會有別的東西，就只是一盒球，如此而已。」他當著我的面把球盒打開檢視後，才勉為其難接受了這份薄禮。時至今日，我仍十分感念吳副縣長勤於政事、注重行政效率的作風，對台北縣經濟發展做出確實的貢獻。

我一直覺得，產官學之間，在依法行事的前提下，若能夠有更密切、更有效率的合作模式，對於城市經濟、產業發展，都頗有助益。像環球購物中心這個案子，就是一個「多贏」的最佳案例。

謀定後動，準備好才開幕

當初籌措資金時，因為冠德建設過去從來沒有做過這一行，銀行都持存疑態度，只有投資過好幾個購物中心的中華開發願意跟我們談。

不過，一開始，就連中華開發的專案經理，也持勸退態度：「馬董，我勸你還是不要做了吧！這東西大家做了都虧本啊。」

我回答他：「那是因為你們投資的購物中心，都不懂know how和管理之道，也難怪會虧損連年啊。但我們不一樣，我們是可以賺錢的。我會讓你們知道，你們投資我們是沒錯的，而且，我相信我們可以幫助你們洗刷過去投資方向不對的『汙名』，證明你們投資購物中心的方向是正確的，只是過去的夥伴做得不夠好。」

雖然中華開發對此半信半疑，但總之，最後，他們願意支持我們。後來，我又到經建會申請優利貸款，取得了八億元百分之七的低利貸款，解決了錢的問題。

對我們來說，環球購物中心確實是一個很重大的投資案，土地取得成本三十億元，造價也是三十幾億元，總共花了六十幾億元才做出來的，因此，我步步為營，不容許自己失敗。這也是為什麼我肯花大錢買know how的原因，我寧願一次把該花的「學費」繳完，也不要年復一年無頭蒼蠅似地虧錢，到最後進退維谷，收也不是，做也不是，陷入惡性循環。

還沒開始蓋之前，我們與永旺溝通環球購物中心的目標與定位，我們的結論是：這個購物中心的定位不是時尚（fashion），而是家庭（family），社區型的購物中心，完全不需要用豪華的大理石來打造金碧輝煌的外觀，那只會徒增距離感；但空間、動線以及進駐店家，一定要考慮到商圈居民來逛街的感受，滿足這些客層的休閒需求。

我們中和店以做「在地社區的好鄰居」為核心定位，鎖定周遭「中和、永和、板橋、土城」四大行政區域，約一百四十四萬的商圈人口為核心客層，為社區居民提供新的生活方式（new life style）。

環球購物中心的所有布置、店鋪規劃、停車場設計，永旺都給我們很多意見，甚至連包商的合約，也是比照日本的範本來做。日本人做事情的規矩很多，範本都定得很嚴格，讓簽約過程比較困難，但是只要簽好約，之後就不會出什麼問題。

環球購物中心的外觀，跟永旺在日本的三代店一樣，走比較庶民、樸實的風格，但是進來以後，空間給人的感覺是很舒適的。以挑高來說，當時一般百貨公司是四米二，我們則是六米半，一方面，視覺上更為寬闊清爽；另一方面，對於某些使用面積較大、需要特殊陳設的大店來說，足夠的挑高才不會產生壓迫感，更能吻合他們的需求。

台灣其他購物中心，可能只要一樓招商好，就馬上開始營運，但我不喜歡事情才做一半就推出，「衣衫不整」怎能見客？我告訴同仁，說我們一定要百分之百都招齊廠商才能開幕。

不過，因為冠德在購物中心領域是個新手，剛開始，招商過程並不順利。因為我們沒經驗，品牌廠商們都很遲疑，即使我去拜託我企業圈的朋友，請他們進駐我的購物中心，人家還是不太敢答應。對此我也不是不能理解，畢竟交情是一回事，生意又是另一回事了，一碼歸一碼，兩者不能攪和在一起的。

所以，在預定開幕的前一年半，我決定聘請專業招商團隊去跟廠商們談判。然而，當時要找人才也著實不容易，雖然冠德建設在建築產業口碑很響亮，但是在購物中心領域，根本沒有實績供人參考，我只好透過人脈，請朋友推薦，或直接找獵人頭公司，把一些優秀的招商人才聘來，協助環球購物中心做招商工作。

因為我們盡可能把所有問題都未雨綢繆先處理了，後來進度還超前了一點，原本預計二〇〇五年十二月二十五日才開幕，提前兩週，十二月十日就正式開幕了。

我當初還做好要虧三年的心理準備，沒想到營運比我預期得更好。環球購物中心中和店只有二〇〇六年開幕第一年是虧損的，從二〇〇七年起，就開始賺錢了，證明我們謀定後動、步步為營的策略是正確的。

起初招商時，廠商們都很遲疑，但後來則是排隊等著進駐。當初做挑高的設計果然沒錯，一些知名大店，像是UNIQLO、ZARA等，這幾年也陸續進駐，一方面固然是因為我們的營運績效頗佳，另一方面，也是因為我們的空間比較有特色，能夠滿足他們的需求。

後來，有幾家購物中心同業看環球購物中心成功以後，在規劃設計時，乾脆直接抄襲我們的空間規劃，最近甚至有一家正在籌備中的購物中心，挖走我們原來負責施工的經理。但我覺得，複製環球購物中心的硬體，並不意味著就可以複製環球購物中心的成功，要把一家購物中心做起來，除了硬體規劃，更重要的是軟體與管理，這些可不是這麼容易就被學走的。

創新差異化

環球購物中心中和店成功以後，二〇一〇年四月一日，我們在板橋開了第二家店。配合台灣鐵路局活化閒置資產的政策，我們參與競標勝出，取得板橋車站地下一樓以及一、二樓部分空間使用權，在不影響旅客動線的情況下，開設第二家購物中心。

我們中和店是結合主題餐廳、電影院的綜合型商場，板橋店則是一個車站型商場，鎖定的客層是通勤人口。我們使用庭院、地下一樓、二樓，將近八千坪面積做為商場，提供轉乘族快速便利的美食、流行美妝以及特色餐飲。因為附近是住商混和區，同棟建築的二十四、二十五樓，我們則承租用來做景觀健身會所「環球運動中心」，鎖定附近的居民，經營會員式的運動中心。

因為那不是我們的地，人家已經把建物蓋好了，我們只是承租二十年，不能自己大興土木照我們的想法興建，但好處是這個位置在三鐵共構的交通樞紐上，人潮很多，每天都有六萬人次進出，所以裡面餐飲店家業績都不錯。NY Bagels在台北分店中，就屬我們環球購物中心板橋店業績最好，燒肉居酒屋乾杯列車板橋店也特別受到歡迎。

我們板橋店也跟中和店一樣，營運隔年就開始賺錢。有了這兩家購物中心的成功經驗，二〇一二年底，我們在屏東女中附近，開了屏東店，這是我們第二家綜合型的購物中心；二〇一三年，則在高鐵左營站開了左營店，這是我們第二家車站型購物中心。

除了綜合型與車站型購物中心，二〇一三年，我們在新竹還做了新的嘗試：開設「文創購物中心」。這是環球購物中心跟新竹市政府一起合作打造的新地標，我們把二〇一二年上海舉辦世博會時，參展的天燈造型台灣世博館搬到這裡，此外，旁邊原本台肥廢棄廠房處，我們則改造為貨櫃嬉遊村以及文創館。

我是山東人，但我在台灣的歲月，遠比在我故鄉多太多，我娶了台灣姑娘為妻，在台灣發展我的事業，對於台灣，我有很深的情感。我們新竹世博店的台灣特色很濃厚，對我來說，或許也算是寄託著我對台灣的一番心意吧。

而第六家店，則是林口A8店，這也是一個車站型的購物中心，在桃園機場捷運A8長庚醫院站、A9林口站共構大樓各設一館，採一店兩館方式營運。二〇一四年開始籌備，目前招商已經完成，預計於二〇一五年八月開幕。此外，我們二〇一五年開始建造、設計A19，預計二〇一八年開始營運，屆時環球購物中心在台灣將有八個據點。

下一步，國際化

我們的目標，不只是在台灣做起來而已，我覺得，購物中心是有機會國際化的事業，我們的下一步，就是把環球購物中心推廣到海外。

我們的第一步，是選擇一個文化跟我們比較類似的區域做嘗試，那就是中國大陸。在眾多城市中，我們選擇的地點是天津。

二〇〇六年，當時的海基會董事長江丙坤先生率領台灣工商訪問團參訪大陸，我也是其中一個企業代表，當時參訪天津就覺得，這個城市應有可為。和上海、北京相比，雖然天津是二線城市，但它的人均GDP卻完全不輸這些一線城市。根據中國國家統計局二〇一一年的資料，天津市的人均GDP是八萬兩千六百一十六元人民幣，而北京跟上海則是七萬九千兩百六十五與八萬一千七百七十二元人民幣；至於可支配收入，則排名全國第四（前三名分別是上海、北京與浙江）。在交通方面，天津也有方便的地鐵，這個城市的消費潛力值得開發。

而當地政府原本就想在當地做一個購物中心，他們到台灣考察時，參觀了環球購物中心的中和店，覺得相當符合他們的期待，於是，我們雙方就坐下來談合作。

我們目前的合作模式是：由對方把硬體蓋好，我們再把軟體帶進去，負責招商與營運二十年。

其實，我們二〇一二年年底開設屏東店的其中一個用意，就是為了當做拓展海外事業的前哨站。

我們總部在台北市，如果要視察中和店或板橋店，交通非常方便；但是如果要視察屏東店，光是搭高鐵再轉台鐵到屏東站就需要三小時，到我們屏東店，又還需要一段時間，總經理不可能經常到店去做管理，我們必須妥善運用資訊化技術、建立更妥善的制度來做長距離管理，這是未來到天津開店很重要的基礎。之後，我們也會從屏東店調派幹部過去，當地招考的大陸員工，也必須來台灣受訓一段時間，以期兩地管理與業務都能順利接軌。

我們在天津的第一家店，位於西青區的中北鎮，西青區是天津市環城四區之一，中北鎮在天津市，屬於經濟較發達的地區，同時也是全中國經濟型轎車生產和汽車零組件加工基地。我們承租地下一、二樓到地上四樓的樓面，一共九萬三千七百二十四平方公尺，總投資額為兩億元人民幣。

就像過去我做任何事業一樣，我不想貪快搶開，而希望把可能的不確定因素都先釐清出來，之後營運才會比較穩妥。我們從二〇一三年開始籌備天津店，預計二〇一六年第一季開幕，我對這家店寄予相當大的期待，如果這個店能成功，我們就可以在天津其他區域再複製三、四家店，未來想像空間是很大的。

值得一提的是，環球購物中心之所以能穩健經營、持續發展，必須歸功於總經理馬志綱用心的領導與團隊不懈的奮鬥，設定目標後勇往直前，才能有如此漂亮的績效。

目前，我們集團本業仍占營收比例最高，不過，購物中心的貢獻也不可小覷。二〇一四年，預估集團營收為新台幣兩百三十億元，購物中心就有近百億元，未來是否能創更高紀錄，有賴我們全體同仁繼續努力。

第十一章

三次轉型，三次提升

建商在社區中蓋房子，
不是光用法律硬碰硬就可以解決問題，
必須能對社區營造產生價值、對社區有回饋，
才能建立和諧共生的關係。
我這一輩子，有個終身不變的執著，
那就是對「知識」的渴望，
努力把握每一個能夠讀書、求學的機會。

我一九七九年創業，至今已經三十六年。

回顧冠德企業的歷史，大約每十到十二年左右，就會有一次轉型。第一次轉型，是從「成本導向」轉為「品質保證」。

三十年幾前，並不像現在這麼講究「生活品質」，大家只要有房子住就好了，並不是很要求品質，而建商們也都一窩蜂搶蓋，大家都只看成本，忽略細節。

我們當時公司很小，成本控制對我們來說當然很重要，但在品質方面，就算客戶沒有要求，我們也絕對不願意打折扣，不但用料扎實、施工謹慎，房子交屋之前，我一定會去工地看，一戶一戶地檢查，以期讓客戶滿意。

為了讓買我們房子的客戶安心，我提出「品質保證」，房子交給客戶以後，若有任何問題，客戶都可以找冠德服務。在這個階段，冠德建立了非常好的口碑。

永久售後服務

到了第二次轉型期，冠德已經站穩腳步，我們不但有「品質保證」，更進一步提出「永久售後服務」。

我一直都很重視客戶的滿意度，而且，我希望能在所有環節，都滿足客戶的需要。首先，在銷售階段，我們的專業人員要跟客戶清楚解釋建材、格局、開工時間、品質細節等。客戶購屋以後，因為每一個家庭的需求不同，我們也充分配合客戶，我要求同仁要按客戶希望的建材、格局，我們現場人員和售後服務人員都會陪同客戶做溝通協助，調整到客戶滿意為止。

在交屋階段，我們會先做過詳細的檢驗，等到我們滿意，才通知客戶來驗屋。他來驗屋，最少會有兩小時到半天的時間，我們會把所有施工的照片展示給他看，讓他充分了解我們的施工過程品質，如果客戶有意見，仍然可以修正。

因為這樣細膩的作業方式，根據二〇一三年的調查，買冠德房子的人，有百分之三十七都是認同冠德品牌和服務，所以指名來買我們房子的。我們的客戶滿意度回饋，分數都幾乎都落在九十分以上。萬一有不到九十分的，我們都會找出這項目，研究為什麼不到九十分，瞭解客戶哪個地方不滿意。

而且，我們與客戶不光是買賣完成後，關係就到此為止了。只要是我們冠德的住戶，之後若有任何問題，我們仍提供很完善的售後服務，我相信這種周到程度，在建築業中是很少見的。

有制度，才能永續經營

第二個轉型階段對冠德建設來說，是一個很重要的「制度建立期」。

我覺得，我們既然要標榜品質以及服務，不能只是「憑感覺」，自己覺得自己的品質和服務做得很好，可能只是「自我感覺良好」而已，我們應該要建立客觀的標準與制度，才能追蹤評估。

也因此，早在一九九四年，冠德建設跟根基營造就開始申請ＩＳＯ（國際標準組織）認證，希望找一個外部的力量來監督我們。ＩＳＯ每半年就要來評估一次，提出改善意見，我認為這可維持一家企業的體質健康，讓企業能不斷自我要求，精益求精。

冠德的同仁們都很瞭解我對品質的重視，我們導入ＩＳＯ時，同仁們的態度普遍都是認同的，倒是外界有人跟我說：「哎呀，建築業沒有人在做這個的，你又何必自己綑綁自己？把房子蓋好就好了啦，這不切合我們建築業的需求。」但我覺得，會這麼說的人，是不瞭解「制度」對一家企業永續經營的重要性，若沒有一個客觀的標準，大家做事該何所適從呢？

在ISO認證之後，二○○九年，我們又導入CRM（客戶關係管理）系統。這也是「制度化」的一個重要環節。我們不只是永續服務，而且務求做到迅速、確實，只要有客訴進入系統，我們就能立刻處理，且「凡走過都會留下痕跡」，可以做為回饋改進、檢討的依據。

對品質的重視，也包括社區關係

除了ISO和CRM，冠德建設許多行之有年的制度，都是在這個階段奠立的，例如，我們做社區建案時，都會先預做「環境影響白皮書」，也是從這個時期開始的。

一九九六、一九九七年時，在北投行義路有個建案，過程讓我們十分挫折。

這個案子的地段還不錯，當初評估認為這應該是很不錯的開發機會，沒想到在規劃設計施工時，卻遭到周圍社區強烈反對。

之所以會招致爭議，是因為這塊土地的位置，剛好位在一個社區中間，有居民不希望再增添建築物了，所以只要我們一施工，他們就聚眾拚命抗議，甚至立刻報警，嚴重干擾工程的進行。

從法律上來看，我們是這塊土地的合法持有人，依法我們絕對站得住腳，大可無視他們的抗議，繼續做下去；但我認為，如果我們不顧社區反應，強渡關山做下去，絕不是一件好事。

畢竟，我們蓋好房子以後，終究是要賣掉的，如果在銷售期間，抗議居民天天來給你掛白布條，或是當有意購屋的客戶去附近打聽做功課時，有人惡意中傷，都會產生不良影響。我深信，「鄰居」是影響居住品質的重要因素，我們真的不希望買我們冠德房子的客人，居住品質受到影響。

所以，我們花了非常多心力與社區代表們溝通，希望能取得社區的認同，也回饋社區好幾千萬元，讓社區居民去做他們想要的建設，風波才順利平息，得以把工程完成。這個案子，前後一共拖了四年，最後也以賠本收場。

這案子給我的反省是：建商在社區中蓋房子，不是光用法律硬碰硬就可以解決問題，必須能對社區營造產生價值、對社區有回饋，才能建立和諧共生的關係。

將心比心，沒有人希望住家旁邊天天飛沙走石大興土木，若非做不可，我們就應當務求將影響降到最低，並做社區回饋，這也是建商實踐社會責任的一種方式。

因此，從那個案子以後，我們做任何社區建案，都會先製作一份完整的「環境影響白皮書」，針對工程可能對社區發生的影響預做評估，並依據這份白皮書，到附近社區管理委員會去做簡報。此外，我們還會提供他們一個專案電話，如果他們之後有任何問題，可以即時跟我們溝通，這支電話並不只是個值班人員的電話而已，而是主管級人員的電話，他有權可以立刻裁示做處置，解決居民問題。

在施工期間，我們也會積極做社區回饋。例如，週末我們會安排清潔日，幫忙社區撿垃圾、清水溝，展現我們對社區友善的誠意；除了清潔日，我們幾乎每一個案子都會做綠圍籬，在我們的施工區域中，不只是用普通的圍籬圍起來眼不見為淨，我們還會在上面種一些植栽，做綠美化，即使在施工期間，仍能保持美麗市容。

當初行義路的案子，確實讓我們整個團隊都很沮喪，但如今回過頭來看，倒是要感謝那個案子，讓我們學習很多，變得更重視社區關係、更重視環境美化，我們對「品質」的重視不僅及於我們蓋的房子而已，也擴及鄰里和外圍環境。

因為我們是台北縣（即現在的新北市）第一個做綠圍籬的建商，記得我們在新莊做建案時，當時台北縣的副縣長李四川來看，他看了頗為驚艷，後來還邀請我們到工務單位去做簡報。我們簡報完以後，他便要求所有工地都必須比照我們的方式作業，我認為，這也是冠德帶給建築業的一個正向效應。

犧牲利潤也要創新

在這個階段，我們一方面穩紮穩打建立制度，另一方面，也不忘創新——即使必須犧牲部分利潤。

一九九六年，大直明水路的「冠德花園大廈」，就是一個成功的創新個案。

這個個案的基地約一千六百坪，面對美麗的明水路，環境相當優美。這個地點是可以做商業的，我們大可把一樓切割成一個一個的店面，獲利肯定可觀，但是我轉念一想，那裡其實很適合做高級住宅。我曾去參觀過不少新加坡的高級住宅，一樓都沒有商場，感覺非常雅緻，於是，我決定把這個案子一樓的空間，做成一個大花園，二樓以上才做住家。

我們去台北市政府申請以後，有個建管處的長官忍不住納悶來電確認：「你有沒有搞錯啊？在明水路這個路段，為什麼一樓不做店面啊？是不是弄錯了？」

我說：「報告長官，我真的沒有弄錯，我真的想在台灣做一個像新加坡高級住宅一樣，完全不受商業干擾的產品。」

建管處長官很好心地提醒我：「可是你這樣，將來利益會差很多喔。」

這個長官說的沒錯。以當時那個地點的行情，若一樓做商場，一坪至少一百萬元，拿來做花園，我的利潤大概會差三億元，但我仍很肯定地回答他：「我知道，但我想讓大家看看，台灣還是有建商願意放棄利潤，去做創新的案子。」

我們還邀請獲獎無數的景觀設計公司CRJA（Carol R Johnson Associates）操

刀做景觀設計，他們在這座花園中放了不少東西融合的巧思，社區蓋好以後，一走進去，映入眼簾的就是八百坪的美麗花園，四棟社區分別有不同的出入口，有中庭在當中，非常賞心悅目，命名為「冠德花園大廈」。

一九九六年時，台北市很少有社區會這麼用心去做景觀規劃，冠德花園大廈這個案子，可以說是一個先驅。

因為居住環境很好，冠德花園大廈這個案子十分受到客戶肯定，買氣跟口碑都很好，現在是百分之百入住，只要有住戶搬走，馬上就能找到買主。

對我們來說，能夠做出這麼好的作品，也很有成就感。從這個案子以後，只要情況允許，沒有地主堅持要把一樓做成店面（在合建的情況下，很多地主都會堅持要把一樓做成商場，利潤較佳），我們通常都會把一樓空出來去做花園或造景，不只是為了美觀而已，同時也能大幅提高客戶的居住品質。

把知識列為標準配備

走過打底扎根的第二階段轉型，從二〇〇六年開始，冠德建設進入「以知識領航」的新階段。

我這一輩子，有個終身不變的執著，那就是對「知識」的渴望。

我三歲喪母，家母臨終前給我的最後教誨就是：「將來要好好做人、好好做事、好好讀書」，我一直謹記在心，不敢或忘，是以我這一生，無論如何顛沛流離或繁忙勞碌，仍努力把握每一個能夠讀書、求學的機會。

我喜歡系統性地學習知識，所以年輕時儘管辛苦，還是半工半讀念了大學。創業以後，仍很渴望能繼續學習，我一九九九年至二〇〇〇年期間，考取台大EMBA，EMBA的課是每週四下午兩點半上到晚上九點半，那兩年間，我沒有缺過任何一堂課，我想我應該是我們班上唯一全勤的學生。

陳水扁在競選總統時，有跟我們這些企業家募款，當時我也有捐款給他，後來他當選了，要宴請我們吃飯，答謝我們支持。可是當天是週四，我在台大有課，我選擇去上課，決定不赴宴。我朋友特地打電話來勸我：「上課有比總統的飯局重要嗎？」我回答說：「對不起，總統請吃飯，以後還有機會，可是我這堂課要是錯過，怕以後沒機會補。」朋友不死心繼續遊說我：「欸，總統請吃飯耶，你真的不考慮一下？」我不假思索說：「這有什麼好考慮的？我就是要去上課，我對唸書這件事可是很堅持的。」

我就讀於台大EMBA時，台大管理學院院長是林能白教授，他也是前公共工程委員會主委。我畢業後，仍與林教授維持良好的師生情誼。有一次他告訴我，我去考台大EMBA那一年，筆試成績非常好，但是一般去考EMBA的人，多半都是三、四十歲的青年，而我當時已經是六十幾歲的人了，主考官們不禁有些猶豫，一派認為應該錄取我，另一派則認為我年紀太大，恐無法勝任課業，幾經討論，最後贊成錄取我的老師勝出，我才能順利進入台大EMBA就讀。他笑說：「你是台大EMBA最老的學生！」

雖然年紀比其他同學大，但我的學習熱忱可不輸人，我在台大EMBA的論文，也是我親力親為寫的。我的題目是「顧客導向之組織結構與經營績效之研究」，我花了整整一年的時間去研究，原本我的作息是早睡早起型，晚上十點左右我就要上床睡覺，但那段時間，我經常讀書讀到三更半夜。我的指導教授張重昭老師，又是一個很嚴謹的學者，我的論文寫完以後，前後修改了十次才通過，我常戲稱我的論文是「十次革命才終於成功」。

雖然過程並不輕鬆，但那些知識對我經營企業，是非常有幫助的。一直到現在，我如果去參加任何專家或企業家主講的論壇，很多人可能聽一半就瞌睡或離席，我卻都是從頭認真聽到尾，幫助自己尋找未來趨勢，或做為經營企業的參考。

我自己本身就是個喜歡讀書的人，不管在不在學校，我都常抽空閱讀各種書籍。我以前讀美國前總統羅斯福傳記，提到他是個很會把握時間讀書的人，就連召見幕僚，等候人來的空檔，也能拿來讀書，當下我就覺得自己也應該建立這個好習慣，只要有零碎時間，我就會拿來閱讀。

我讀書從來不是因為「黃金屋」或「顏如玉」，而是希望自己的觀念與時俱進，不要落伍。我深信，知識就是力量，一個人只要持續學習，就能持續進步；而一個崇尚知識的社會，就必然能成為一個進步、富而好禮的社會。

長期以來，我一直希望能把「知識」與「人文精神」置入我們冠德的案子，在偶然機會，我讀了一本遠見天下文化出版集團創辦人高希均教授寫的《讀一流書，做一流人》，深覺受到啟發。

書中提到一個觀念：「以書櫃取代酒櫃」，我十分認同，於是我便主動約了高教授，希望能結合我們冠德與天下文化的強項，落實高教授談到的「讀一流書、做一流人、建一流社會」的理想。

高教授的概念是「以書櫃取代酒櫃」，本來他有提議是不是可以在每一戶人家裡都設書房，但因為冠德有各種坪數的產品，有些是小套房，室內就只有十幾坪，要在這麼小的空間裡設一個書房，有技術上的困難。

經過討論，我覺得不如在社區興建圖書館，把「知識」列為未來所有冠德產品的「標準配備」，希望能增加住戶閱讀的機會，從而養成閱讀的習慣。

社區不分大小，都有一座圖書館

台灣重視閱讀的社區並不多，有些社區雖然設有所謂的圖書室，但多半就是買些書櫃，隨意擺點書就算數了，藏書不但少，且品質良莠不齊，完全沒有管理。

但我們冠德的圖書館則不然，在硬體方面，我們的圖書館都經過設計師按照不同社區的氣質與屬性量身打造，書櫃、座椅都經過精心挑選，環境優雅寧靜；在軟體方面，我們與遠見天下文化集團談獨家合作，按照不同社區的住戶族群購買優良的圖書，每個圖書館都擁有兩千冊到五千冊不等的豐富藏書，且圖書館建置完成以後，我們還會配給社區一個電腦管理系統，讓住戶可以憑住戶卡來借書。

位於信義區的「冠德領袖」，是我們第一個設有圖書館的建案，從這案子開始，我們每一個建案，都會做一個圖書館。

關於「冠德領袖」的圖書館，還有個很有意思的小故事。「冠德領袖」的社區主委洪迪光，是我熟識多年的友人，他有個非常優秀的女兒叫做洪瑀，曾奪得Intel國際科展一等獎，並申請進入名校麻省理工學院（MIT），更因國際科展的優異表現，擁有一顆以自己的名字命名的星星。我們特別為洪瑀出了一本書，也是由天下文化出版的，分別贈送給台灣的圖書館，供年輕學生閱讀。

我後來才知道，洪家在洪瑀國三時搬進「冠德領袖」，洪瑀也是個熱愛閱讀的孩子，一直是社區圖書館的愛用者，經常在那裡讀書。我們的圖書館給她許多啟發與樂趣，她後來能有諸多優秀的成就，我們的圖書館也可以沾點光，這點讓我非常欣慰，我真的很高興我們的產品能夠為客戶提供價值。

目前冠德已有二十個社區設置了圖書館，在這麼多個有圖書館的案子中，位於台北市大安區的「冠德青水寓」，是非常特別的一個。

「冠德青水寓」位於麗水街，從和平東路巷子進來，沿路盡是碧綠林蔭，優雅寧靜，我個人認為，那裡是台北市最美麗的街道之一。

這案子對我來說，別具特殊意義。我創業是從大安區起家的，後來逐漸向外拓展，經過了三十幾年，又回到大安區來做建案。我倒不敢說這是「衣錦榮歸」，但對這個案子，確實懷有一種「回家」的情感。

這個案子其實很小，基地才一百零八坪，蓋起來也才六戶人家而已，但我們真的是很用心在做。

考量到周遭也是人文氣質濃厚的地方，我們並不想要蓋一個披覆華麗大理石的高調炫富豪宅，相反地，我們想要做一個與當地靈氣相稱的精緻建案，我們決定採用含蓄高雅的清水模來施做。此外，這個建案基地裡有一棵八十年的朴樹，那是一棵非常美麗的老樹，我們也沒有把它砍掉，而把它規劃進設計中，施工時特別小心，以免傷害到這棵老樹。等房子蓋好了，這棵老樹與建築相得益彰，更襯托出建築之美。

雖然基地小，又只有六戶人家，但我們也還是在裡面做了一個圖書館，貫徹冠德轉型後對客戶「把知識列為標準配備」的承諾。這個圖書館簡約低調，兩側則是連牆的書櫃，陳列大量藏書以及藝術品，質感樸素別緻。

「冠德青水寓」這個案子我們是先建後售，它在蓋的時候，就很多人來問，蓋好以後，還來不及做銷售資料，只一個禮拜就賣完了，買氣之強，超乎我們預料，圖書館的魅力居功厥偉。

最受歡迎的公設

截至二〇一四年，我們二十個社區圖書館累積起來，總計共擁有十三萬七千五百六十五冊的藏書。值得一提的是，我們這些圖書館都是「活的」圖書館，每個月都會補充最新的圖書與期刊。

除了在社區內設置圖書館，我們也贈送社區每住戶四十到一百冊的家庭藏書，他們可以根據家庭成員的需要去選擇要哪些書籍。

此外，我們也為社區住戶舉辦專屬的社區讀書講座活動。事前先做問卷，調查住戶關心的議題，再邀請適合的講者來主講。我們希望客戶買冠德的房子，不只是能安全舒適地住在裡面而已，也希望為他們提供一個「終身學習夥伴」。

我們對客戶的心意，顯然他們也充分感受到了。根據我們的調查，在多種公共設施中，圖書館是最受歡迎的一項，住戶們也都頗以這項設施自豪，常帶來賓參觀。像前面提到的洪瑀，就曾表示過：「每次我跟同學說我們社區裡有一座圖書館時，同學們都是既驚訝又羨慕，所以我時常邀請他們來這裡，一起分享閱讀的樂趣。」

有了圖書館以後，客戶的滿意度從百分之八十六提升到百分之九十五，而顧客指名度，也從百分之二十，提升到百分之三十七，很多客戶是衝著社區圖書館來買冠德的房子，深深感動了我，讓我覺得台灣還是蠻有希望的。一個對知識、對人文有渴望的社會，是何其可愛？

跨出台北，跨出台灣

對冠德而言，第三階段的轉型重點，除了以知識領航，另一方面，則是積極在其他地區複製成功。

在我們的建築本業方面，是跨出台北，朝其他城市發展。

我的個性比較慎重，這種性格反映在我的企業經營哲學上，冠德建設從台北市大安區起家，一路走來都是穩紮穩打，若沒把握把品質做好，寧可不要出手。如今，我們在大台北發展了三十多年，下一步，我在想，是不是可以去其他縣市發展？

二〇〇八年，我帶著團隊去台中視察，覺得台中也是我們可以著墨的美麗城市，剛好也有個機會，可以買到七期一塊約一千五百坪的土地，正在思考可以怎麼運用時，接到龍寶建設董事長張麗莉的電話，說她聽說我在七期買了土地，希望能跟我談合作。

我曾參觀過她的公司，我們彼此都是很專業的建設公司經營者，更重要的是，在經營方面，張董事長跟我有個共同的堅持，那就是做生意講究誠信，且非常重視品牌與客戶服務，只做最好的產品。因為理念相符，便開啟了雙方合作的機會。

這個案子我們分兩期去蓋，冠德跟龍寶各占百分之五十，目前一期蓋完了，叫做「誠臻邸」，第二期的「謙臻邸」，則預計二〇一五年年底就會完工。

這是冠德第一個與同業合作的個案，張董事長主導龍寶的二十年間，也從未跟其他業者合作。難得的是，冠德與龍寶完全沒有同行相忌、互相較勁的心態，兩個團隊都抱著虛心學習的態度彼此合作，互相取經。

我們當初一起合作，本來就不是為了要「降低風險」，而是在彼此理念相符的前提下，希望透過合作，做出優秀的產品，並師法對方的優點。冠德長於施工與成本管理，而龍寶則在規劃、品質與客戶服務方面更為細膩，雙方共事的過程中，都學到很多，我認為冠德與龍寶這一次的合作，真的是同業合作的一個典範。

「誠臻邸」銷售狀況是百分之百，「謙臻邸」現在還在蓋，但也已經售出百分之六十。這是冠德初次不在大台北地區做的建案，從成績來看，算是跨出相當成功的第一步，以此為基礎，我有信心將來能夠在台中甚至其他縣市，繼續推出叫好叫座的優質產品，也希望能與龍寶有持續合作的機會。

除了建築本業，深耕多年的購物中心事業也即將翻開新頁：準備要跨出台灣，進軍中國大陸。

走過三十六個年頭，歷經三次轉型與提升，我衷心期望，我們所信奉的價值：誠信、品質、服務、創新，最後能夠成功擴散，遍地開花。

圓一個「讓社會更美好」的夢

二〇一四年，對我而言，算是圓了一個很重要的心願。

我自己酷愛閱讀，從我個人經驗來看，閱讀與學習，確確切切改變了我的人生，我也深信，透過閱讀，可以改變社會。二〇一四年三月，我們正式成立「冠德玉山教育基金會」，這個基金會的定位與使命在於「傳遞幸福生活美學」，主要的工作內涵為推廣閱讀與建築教育。

我誠懇期望，因為我們基金會的工作，能夠讓年輕朋友們，因為閱讀而找到追逐夢想的勇氣；並且讓社會大眾瞭解，閱讀是何其美好且重要的一件事，小則可以提升生活質感，大則可以扭轉個人命運。

除了與出版社合作出版好書，我們也舉辦大型論壇以及各種閱讀講座，邀請各界賢達分享閱讀經驗。像今年，我們就邀請到邀請飲食旅遊作家葉怡蘭、當代華人作家張大春、知名建築師姚仁祿、國際策展人陳俊良，舉辦了四場公益講座，免費開放給對城市、生活、美學感興趣的民眾參加。

此外，二〇一四年十二月，我們還與中天電視合作製播「名人牀頭書」節目。這是一個談話性節目，邀請愛好閱讀的名人做深度分享，不只談閱讀，也談他們的人生故事。台灣電視上的談話性節目多不勝數，但真正有「質感」的卻不多，我希望看我們這個節目的觀眾，都能夠從中得到感動或啟發。

很多民眾覺得閱讀好像是一件很嚴肅、很高深莫測的事情，但其實不是，讀書本身應該是件很單純、很有樂趣的事，人人都可以進入這個世界。為了拉近距離，我希望節目邀請的來賓背景一定要夠多元，不要都是「文青」。

所以我們的來賓，除了有美學家蔣勳、導演陳可辛、作家張曼娟等藝文圈人士以外，也有一般民眾熟悉的藝人，像是陳伯霖、郭雪芙、任家萱、黃子佼等，我的想法是：只要觀眾對講者感興趣，就比較能夠細心體會他們所分享的內容。

我自己也曾經擔任過來賓，在「名人牀頭書」分享過我的人生故事與閱讀經驗。後來，有一天我因為公事搭高鐵去台中，出了高鐵以後，我轉往地下一樓，好去搭同仁座車到目的地。不知道為什麼，有個警察先生亦步亦趨跟著我走，我也有些納悶，我沒做什麼可疑的事吧？為何這位警察先生一直跟著我呢？直到我要上車時，他才趨前跟我說話：「馬董事長，我有看過你的節目，你講得很棒。這節目很好，我收穫很多，請你一定要繼續辦啊！」

原來，這位警察先生也是我們「名人牀頭書」的觀眾。我當下心裡是頗為感動的，原來，真的有觀眾如此認真收看我們的節目，而且也如我們希望的，得到正向的影響。

我們基金會去年才成立，還很「年輕」，但我對它寄予厚望。它不但緊密結合了冠德集團第三次轉型的重要內涵，對我馬某人來說，也是成就了一個心願，期盼能夠對我的同胞、我的社會、我的國家，盡一點心意，誠摯盼望能讓台灣變得更優雅、更富足。

在冠德玉山教育基金會網頁，我們引用芬蘭裔美籍建築師埃羅・沙里寧（Eero Saarinen）的名言：「建築就像一本打開的書，從中你能看到一座城市的抱負。」這句話深深觸動了我。它呼應了冠德集團這麼多年來的堅持，以及我個人的人生信念。我希望我們帶給客戶的，是兼具安全與質感的家；並進一步期盼，透過我們的產品也好、透過我們的基金會也好，能夠提升這片土地對美感、情意、人文以及知識的素養。

想在這本書的尾聲，再次與讀者分享我的理念。

我仍然有許多夢想等待完成，未來，我與冠德會繼續努力，期望我們能夠繼續貫徹「築冠以德」的最高理想。

社會人文 BGB406B

築冠以德
馬玉山的奮鬥故事

國家圖書館出版品預行編目(CIP)資料

築冠以德：馬玉山的奮鬥故事 / 馬玉山著；李翠卿採訪整理. -- 第一版. -- 臺北市：遠見天下文化, 2015.07
面； 公分. -- (社會人文；BGB406)
ISBN 978-986-320-779-5(精裝)

1.馬玉山 2.企業家 3.臺灣傳記

490.9933　　104011468

作　者 — 馬玉山
採訪整理 — 李翠卿

事業群發行人／CEO／總編輯 — 王力行
副總編輯 — 吳佩穎
責任編輯 — 賴仕豪、陳琡分（特約）
封面設計 — 鄒佳幗
美術設計 — 張議文、李錦鳳
全書照片提供 — 馬玉山、張智傑、陳宗怡

出版者 — 遠見天下文化出版股份有限公司
創辦人 — 高希均、王力行
遠見・天下文化・事業群 董事長 — 高希均
事業群發行人／CEO — 王力行
天下文化社長／總經理 — 林天來
版權部協理 — 張紫蘭
法律顧問 — 理律法律事務所陳長文律師
著作權顧問 — 魏啟翔律師
地址 — 台北市 104 松江路 93 巷 1 號 2 樓
讀者服務專線 — 02-2662-0012 ｜ 傳真 — 02-2662-0007, 02-2662-0009
電子信箱 — cwpc@cwgv.com.tw
直接郵撥帳號 — 1326703-6 號　遠見天下文化出版股份有限公司

電腦排版 — 極翔企業有限公司
製版廠 — 東豪印刷事業有限公司
印刷廠 — 祥峰印刷事業有限公司
裝訂廠 — 精益裝訂股份有限公司
登記證 — 局版台業字第 2517 號
總經銷 — 大和書報圖書股份有限公司　電話／(02)8990-2588
出版日期 — 2015/07/17 第一版
2015/08/15 第二版
2017/11/24 第二版第 3 次印行

定價 — NT$420
ISBN 978-986-320-779-5
書號 — BGB406B
天下文化書坊 — bookzone.cwgv.com.tw